摄影师

的后期必修课

肖维明 —— 著

人像篇

U0279895

人民邮电出版社

北 京

图书在版编目（CIP）数据

摄影师的后期必修课. 人像篇 / 肖维明著. -- 北京：
人民邮电出版社，2024.2
ISBN 978-7-115-62833-6

Ⅰ. ①摄… Ⅱ. ①肖… Ⅲ. ①图像处理软件—教材
Ⅳ. ①TP391.413

中国国家版本馆CIP数据核字(2024)第007507号

内 容 提 要

本书是一本关于人像摄影后期处理的指南，旨在帮助读者提升人像照片的修饰技巧，创作出更加完美的人像作品。

本书详细介绍运用不同的工具和技巧来美化人像照片，包括美白与磨皮、面部修容、面部重塑、体形重塑、证件照修饰及集体合照修饰等方面的技巧。每章都提供详细的步骤和方法，帮助读者轻松学习和应用这些技巧。无论是想修饰自己照片的个人还是专业摄影师，本书都能为他们提供指导和灵感。通过阅读本书，读者可学会使用各种工具和技巧来改善肌肤质感、去除瑕疵、调整五官形状、改善体形比例，甚至调整整体色调和影调。

每章介绍相应的技巧和方法，如使用神经滤镜、磨皮滤镜或 Camera Raw 滤镜进行磨皮、去除痘印与疤痕、五官美化、调整色调、拉长腿部、裁剪照片、换底色等。

此外，本书还展示了应用这些技巧的实例。

◆ 著　　　　肖维明
　　责任编辑　胡　岩
　　责任印制　陈　犇

◆ 人民邮电出版社出版发行　北京市丰台区成寿寺路 11 号
　　邮编　100164　　电子邮件　315@ptpress.com.cn
　　网址　https://www.ptpress.com.cn
　　北京富诚彩色印刷有限公司印刷

◆ 开本：690×970　1/16
　　印张：13　　　　　　　　2024 年 2 月第 1 版
　　字数：226 千字　　　　　2024 年 2 月北京第 1 次印刷

定价：79.90 元
读者服务热线：**(010)81055296**　印装质量热线：**(010)81055316**
反盗版热线：**(010)81055315**
广告经营许可证：京东市监广登字 20170147 号

本书旨在帮助你掌握人像后期处理技巧，让你的照片更加出色和令人难忘。我是本书的作者肖维明，一位热爱摄影并致力于人像后期处理的摄影师。

在数字摄影时代，每个人都可以轻松拍摄出漂亮的人像照片。然而，要真正将照片变得出色，还需要进行后期处理。后期处理是提升照片质量、突出主题并创造独特风格的关键步骤。

本书为你提供丰富的人像后期处理知识和技巧。从基础的调整和修复到高级的艺术效果，每章都将教你如何运用各种工具和技术来改善人像照片。无论你是摄影爱好者还是专业摄影师，本书都将帮助你提升照片处理技能，创作出令人赞叹的作品。

本书内容包括但不限于以下方面：美肤技巧、局部调整、色彩处理、人脸重塑、背景虚化、风格化效果等。每章都配有清晰的图文示例和详细的步骤说明，旨在帮助你轻松理解和运用这些技巧。

在撰写本书时，我深知要成为一名出色的人像后期处理师并不容易，它需要耐心、实践和扎实的知识基础。我希望通过本书，将自己多年积累的经验和技巧分享给你，让你能够更快地掌握人像后期处理的精髓。

无论你是刚刚入门的还是有一定经验的摄影爱好者，我相信这本书都会对你有所裨益。请记住，人像后期处理并不是为了掩饰照片中的缺陷，而是为了强调照片中的美丽和特点。希望本书能够激发你的创造力，让你的照片独具个人风格和艺术感。

最后，我要衷心感谢你选择阅读本书，希望本书能够成为你进行人像摄影和后期处理的指南，帮助你在摄影道路上取得更大的进步。

祝愿你的摄影之旅充满精彩和灵感！

肖维明

写于 2023 年 7 月

目录

第 1 章
美白与磨皮

　　本章我们将学习人像的美白与磨皮。美白与磨皮是数字图像处理中常用的技术，用于改善人物的肌肤质感。美白与磨皮可以使皮肤看起来更加光滑、肤色更加均匀，减少细节和瑕疵，并提升人物的整体形象。

　　美白通过调整图像亮度、对比度和色彩平衡等参数来改善肤色。它可以解决皮肤暗沉、色斑和肤色不均匀等问题，使皮肤看起来更加明亮和透亮。美白通常会去除一些细节，因此需要谨慎使用，避免过度美白导致获得不自然的效果。

　　磨皮通过图像处理算法来减弱或隐藏皮肤上的细节和瑕疵，使皮肤看起来更加光滑。它可以减少皮肤上的皱纹、痘印以及其他瑕疵，提升人物形象的整体效果。但同样要注意适度使用该技术，避免得到过度虚化或模糊的效果。

首先，进行 Portraiture 磨皮滤镜的安装。Portraiture 磨皮滤镜有两个版本，分别是 32 位和 64 位，如图 1-1 所示。

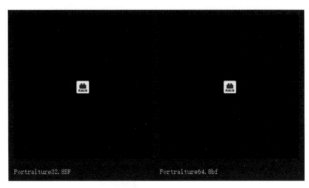

图 1-1

右键单击"我的电脑"，选择"属性"，查看自己计算机的操作系统类型，如图 1-2 所示，根据计算机的操作系统选择合适的磨皮滤镜的版本。

安装滤镜插件时要保持 Photoshop 处于关闭状态，默认安装路径为 C:\Program Files\Adobe\Adobe Photoshop 2022\Plug-ins。对磨皮滤镜插件进行复制，找到 Adobe Photoshop 安装文件夹中的 Plug-ins 文件夹，将磨皮滤镜插件粘贴到其中，如图 1-3 所示。

图 1-2

　　打开 Photoshop，导入案例照片，单击"滤镜"菜单，选择"Imagenomic"，选择"Portraiture"，如图 1-4 所示。

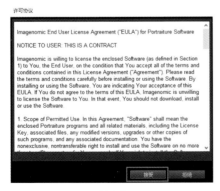

图 1-3

图 1-4

　　弹出许可协议的对话框，如图 1-5 所示，单击"接受"按钮。

　　此时的磨皮滤镜工具是没有激活的，需要选择"购买许可证"或者"安装许可证"按提示激活后才能使用。在这里我们选择"安装许可证"，如图 1-6 所示，输入相关信息并等候片刻即可使用。

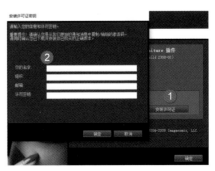

图 1-5

图 1-6

安装成功之后，我们使用安装好的磨皮滤镜插件对照片进行调整。将照片导入 Photoshop 界面，如图 1-7 所示。

图 1-7

调整前后的对比如图 1-8 和图 1-9 所示。

图 1-8   图 1-9

　　首先，对人物面部较为明显的斑点和痘印进行
去除。单击"创建新图层"按钮，复制新图层，如
图 1-10 所示。

　　选择"污点修复画笔工具"，如图 1-11 所示。
可以通过 <Alt> 键 + 鼠标左键调整画笔的大小。

图 1-10

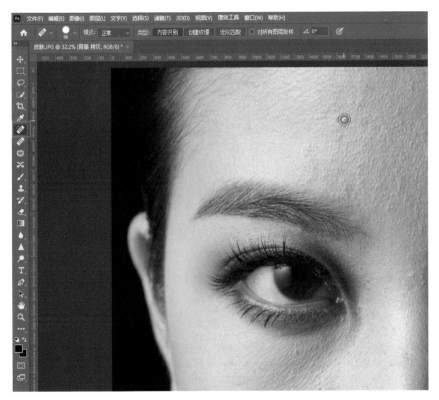

图 1-11

　　接下来，使用污点修复画笔工具对图 1-12 所示的明显的斑点和痘印进行去
除。在人物面部痘印处，单击鼠标左键，就可以去除痘印，去除之后的效果如
图 1-13 所示。由于这是一张人物面部的特写，拍摄距离很近，人物面部的瑕疵很
容易暴露出来，所以在修饰的过程中，要有耐心一些。

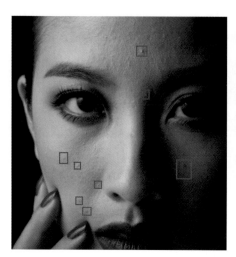

图 1-12   图 1-13

1.1 使用神经滤镜进行磨皮

　　修饰完人物面部的瑕疵之后，下面我们学习磨皮的第一种方法，使用神经滤镜对人像进行磨皮处理。神经滤镜磨皮是一种基于神经网络技术的图像处理方法，可以应用于照片和视频中的人物肌肤，实现磨皮效果。首先，单击"滤镜"菜单，选择"Neural Filters"，即神经滤镜，如图 1-14 所示。

　　如果遇到 Neural Filters 工具呈灰色，如图 1-15 所示，此时是无法使用的，我们可以单击"帮助"菜单，选择"登录"，如图 1-16 所示，登录自己的账户即可。如果没有账户，需要我们创建新的账户，否则神经滤镜是无法使用的。

图 1-14

图 1-15

图 1-16

　　进入神经滤镜界面，如图 1-17 所示，接下来我们通过调整皮肤平滑度对面部皮肤进行磨皮处理。

图 1-17

　　首先，打开皮肤平滑度界面，调整"模糊"和"平滑度"的数值，"模糊"的数值越大表示磨皮的力度越大。由于这张照片中人物的皮肤状态相对较好，所以对"模糊"的数值调整不要太大，如图 1-18 所示。单击"确定"按钮，磨皮之后的效果图如图 1-19 所示。

　　单击"添加蒙版"按钮，建立蒙版，前景色选择"黑色"，找到画笔工具，

"不透明度"设置在 50% 左右，如图 1-20 所示，将人物的眼睛、眉毛、鼻子、嘴巴和手等区域进行还原，不参与磨皮处理。

图 1-18　　　　　　　　　　　　　　　　　　　　　　图 1-19

图 1-20

　　总而言之，神经滤镜可以去除照片或视频中人物肌肤上的瑕疵、斑点和粗糙纹理，使肌肤看起来更加光滑、细腻。即消除暗疮、痘印、皱纹和色斑等，让人物的肤色更加均匀，提高整体的美观度。传统的磨皮方法需要手动调整各种参数才能达到理想效果，而神经滤镜可以自动完成这个过程。它能够智能地识别肌肤状况并处理，减少后期编辑的工作量，提高生产效率。需要注意的是，使用神经滤镜时应适度控制磨皮程度，保持自然、真实，避免过度修饰呈现出不自然的效果。

1.2　使用磨皮滤镜进行磨皮

　　下面我们学习第二种磨皮方法，使用磨皮滤镜进行磨皮。首先，单击"删除图层"按钮，删除蒙版图层，如图 1-21 所示，复制新的背景图层，如图 1-22 所示。

　　单击"滤镜"菜单，选择"Imagenomic"，选择"Portraiture"，如图 1-23 所示。进入磨皮滤镜界面，如图 1-24 所示，用吸管工具吸取皮肤颜色，右侧"蒙版预览"中显示的是要处理的皮肤区域。由于磨皮之后的画面清晰度会降低，所以我们可以适当地增加"清晰度"的值，"清晰度"调整至 2 左右即可。"阈值"是指磨皮的力度，"阈值"越大磨皮的力度就越大。其他值保持默认设置，单击"确定"按钮。

图 1-21

图 1-22

图 1-23

图 1-24

图 1-25

利用磨皮滤镜对人物进行磨皮后的效果图如图 1-25 所示，这张照片中的人物的皮肤状态是比较好的，所以磨皮的力度相对较小。如果人物的皮肤状态较差，磨皮的力度可以大一点，也就是"阈值"设置得相对大一些，如图 1-26 所示。

图 1-26

Adobe Photoshop 中的 Portraiture 工具是一款专用于人像磨皮和美容处理的插件，它可以进行自动化磨皮处理。Portraiture 工具使用智能算法和先进的肤色识别技术，能够自动检测和处理肌肤上的瑕疵、斑点和皱纹等问题，节省用户手动处理的时间和精力，它可以帮助用户高效地进行人像后期处理，以获得更加出色的肌肤效果。

1.3　使用 Camera Raw 滤镜进行磨皮

接下来我们学习第三种磨皮方法。对于没有安装神经滤镜，或者是没有安装磨皮滤镜，使用的是苹果计算机，无法通过上述两种方法磨皮，但是要想获得同样的磨皮效果，我们可以使用 Camera Raw 滤镜对人像进行磨皮。

首先，右键单击图层空白处，选择"拼合图像"，如图 1-27 所示，然后单击"创建新图层"，复制新的图层，如图 1-28 所示。

单击"滤镜"菜单，选择"Camera Raw 滤镜"，如图 1-29 所示，将照片导入 Camera Raw 滤镜中，如图 1-30 所示。

图 1-27

图 1-28

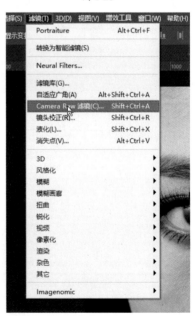

图 1-29

把"纹理"的值降至最低，"清晰度"的值适当减小，如图 1-31 所示，单击"确定"按钮。

图 1-30

图 1-31

再复制一层新的背景图层，自动命名为"背景 拷贝 2"，将"背景 拷贝 2"图层拖到图层的最上方，如图 1-32 所示。单击"滤镜"菜单，选择"其它"（软件中为"其它"，后同），选择"高反差保留"，将"半径"调整到可以模糊地看见人物轮廓即可，如图 1-33 所示，单击"确定"按钮。

图 1-32

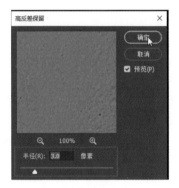

图 1-33

　　将高反差的图层的混合模式改为"线性光"，如图 1-34 所示。最后，利用画笔工具将人物的嘴巴、眼睛和眉毛等部分进行还原，不参与磨皮，调整之后的效果图如图 1-35 所示。

图 1-34

图 1-35

　　Camera Raw 滤镜提供了多种工具和选项，可以精确控制磨皮的程度和效果。Camera Raw 滤镜不仅可以进行磨皮处理，还提供色彩校正和白平衡调整的功能，这使得用户可以在同一个工具中完成多项后期处理任务，例如调整肤色和图像的整体色彩平衡等。

　　通过以上 3 种磨皮方法的介绍，我们会发现磨皮滤镜使用起来是最方便的，也是使用最多的。磨皮滤镜的识别功能很强，减少了我们手动的步骤，相对来说更加简便。

1.4 对人物进行美白

接下来对于人物进行美白。首先，拼合图像，然后复制新的背景图层，如图 1-36 所示。

单击"图像"菜单，选择"应用图像"，将通道选择为"绿"，混合选择为"滤色"，如图 1-37 所示，单击"确定"按钮，效果如图 1-38 所示。

图 1-36

图 1-37

图 1-38

此时我们会发现人物的面部非常白，需要降低画面的不透明度，将"不透明度"降低到 30% 左右，如图 1-39 所示，人物的肤色就会呈现奶油色，这是我们修饰人像作品常用的美白方法，最后将照片保存即可。

图 1-39

第 2 章
面部修容

　　面部修容是指利用图像处理软件对人物面部进行调整和修饰，以改善面部外貌、突出面部特征和轮廓的过程。本章我们将以男性的面部修饰为例，介绍具体的面部修容技巧。

　　男性面部修容的关键是保持自然，避免过度修饰，目标是突出线条和轮廓，而不是改变面部特征或使其看起来不自然。避免过多的层次和烦琐的修饰，保持整体形象简约、利落。修容应该使面部特征协调，而不是试图改变其外貌。每个人都有独特的面部结构和轮廓，要根据个人特点进行适当的修饰。注意调整图像的色彩平衡，使皮肤看起来健康、自然。避免过度美白或过度增加色彩。修容时要注意保留面部的细节，不要过度模糊或丢失细节。

　　总之，男性面部修容应注重自然、简洁和个性化，突出面部线条和轮廓，调整前后的对比如图 2-1 和图 2-2 所示。

图 2-1

图 2-2

首先，将照片导入 Photoshop 界面，单击"滤镜"菜单，选择"Camera Raw 滤镜"，将照片导入 Camera Raw 滤镜中，如图 2-3 所示。

通常情况下，对照片进行修图时会选择"自动"功能，让软件自动识别整张照片的亮度，并根据算法进行自动调整。然而，在人像作品的修图中，我们很少使用"自动"功能。

图 2-3

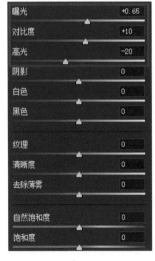

图 2-4

这是因为人像摄影通常需要更精确的控制和个性化的处理。每个人的肤色、光线条件和拍摄环境都不同，因此"自动"功能不能满足所有人像照片的处理需求。相反，我们更倾向于手动调整和定制化处理来获得更好的效果。在人像处理过程中，我们可能需要针对具体的人像特征进行调整，例如提亮肤色、增加皮肤光滑度等。

首先，在"基本"面板中，对人物的肤色和明亮度进行调整。增加"曝光"和"对比度"，如图 2-4 所示，从而提高照片的明亮度。

然后对人物的色温和色调进行调整。人物整体偏洋红，所以我们要往绿色方向调整，如图 2-5 所示。

最后，再对人物整体的色温和明亮度稍微进行修饰，对人物肤色进行更加准确的把控，如图 2-6 所示。然后单击右下角的"打开"按钮，将照片导入 Photoshop 界面，如图 2-7 所示。

图 2-5

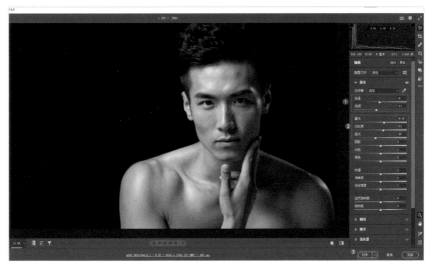

图 2-6

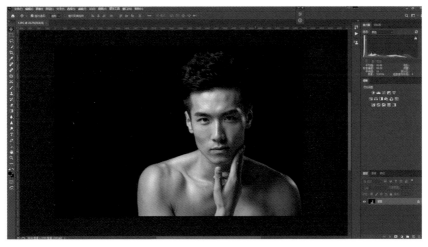

图 2-7

2.1　去除痘印与疤痕

将照片导入 Photoshop 界面后，观察照片，会发现人物的面部有很多痘印，还有较为明显的疤痕。我们可以通过污点修复画笔工具，如图 2-8 所示，对其进行消除。

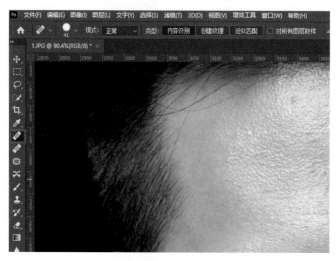

图 2-8

污点修复画笔工具是图像编辑软件中常用的一种工具，它的作用是通过取样周围区域的颜色和纹理，并将其应用到待修复区域，从而实现去除图像上的瑕疵和不需要的元素。污点修复画笔工具可以快速、有效地移除图像上的污点、灰尘、划痕等瑕疵。通过简单的涂抹或单击操作，可以将这些不需要的元素修复或填补，使图像看起来更加干净和完美。需要注意的是，修复过程中要细心操作，避免因过度修复等产生新问题。

接下来去除人物面部比较明显的痘印，如图 2-9 所示。配合 <Alt> 键和鼠标右键可以调节画笔的大小，人物的皮肤不好的时候，我们可以通过这个方式对人物的面部进行修饰。

在修图过程中，我们应该注意保留人物面部的标志性痣，而只去除一些临时或不需要的瑕疵，例如痘印。这样可以确保处理后的照片仍然能够保持人物的独特特征和个人风格。调整之后的效果图如图 2-10 所示。

图 2-9

图 2-10

　　此外，对于某些复杂、实质性的修复，可能需要借助其他修复工具和技术来取得更好的效果。在这张照片中，人物面部存在较大的疤痕，使用污点修复画笔工具效果可能不理想。此时，可以借助修补工具来修复人物面部的疤痕，如图 2-11 所示。

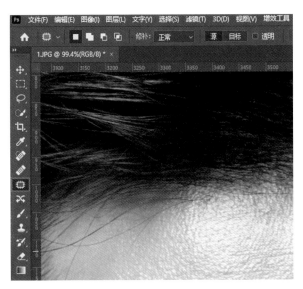
图 2-11

　　修补工具是图像编辑软件中常用的一种工具，它可以通过将选定区域与周围区域进行智能融合，以隐藏或减轻疤痕。修补工具通常有两种模式：采样和覆盖。

采样模式：在采样模式下，修补工具会自动从周围区域中取样纹理、颜色和亮度，并将其应用到待修复的疤痕区域。通过选择一个合适的源区域，修补工具会智能地匹配并融合纹理，使疤痕与周围肌肤自然过渡。

　　覆盖模式：在覆盖模式下，修补工具可以通过手动选择一个参考区域，然后将该参考区域覆盖在疤痕上，从而隐藏疤痕。可以通过调整覆盖区域的大小、位置和旋转角度来获得最佳的修复效果。

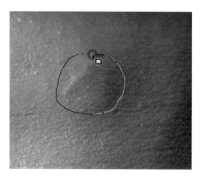

图 2-12

　　本节我们将学习并使用采样模式，从周围区域取样纹理、颜色和亮度，并将其应用到待修复的区域，使得疤痕消失或减轻。首先，利用修补工具选出需要修复的疤痕区域，如图 2-12 所示。

　　使用修补工具时，可以通过拖动选区来将其移至与疤痕肌肤相似纹理的地方，如图 2-13 所示，使用后的效果如图 2-14 所示。

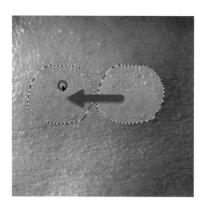

图 2-13

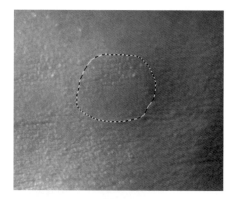

图 2-14

　　单击"编辑"菜单，选择"渐隐修补选区"，如图 2-15 所示，对应的快捷键是 <Ctrl> 键 +<Shift> 键 +<F> 键。渐隐修补选区是指在使用修补工具时，通过逐渐减弱或淡化选区的边缘，使修补结果更加自然和无痕迹。在使用修补工具时，可能会在选区与周围区域之间创建一个明显的过渡边缘，使得修复区域看起来与原始图像不协调。通过渐隐修补选区，可以逐渐淡化选区的边缘，以使修复区域与周围环境之间有平滑过渡，从而使修复结果更加融合、自然。

　　将"不透明度"设置为 60% 左右，如图 2-16 所示，单击"确定"按钮。

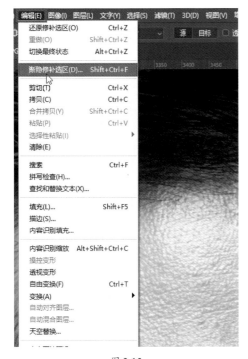

图 2-15   图 2-16

修补工具也可以帮助去除人物面部的油光，如图 2-17 所示，使其与周围肌肤更加协调。这将改善照片的外观，使人物看起来更加清爽和自然。用同样的方式进行调整，调整之后的效果如图 2-18 所示。

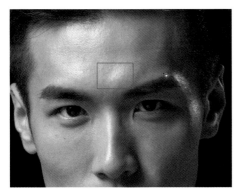

图 2-17   图 2-18

2.2 使用磨皮滤镜进行磨皮

接下来，对人物进行磨皮处理。首先，单击"创建新图层"按钮，复制背景图层，如图 2-19 所示。

单击"滤镜"菜单，选择"Imagenomic"，选择"Portraiture"。用吸管工具吸取皮肤颜色，在 Imagenomic 的 Portraiture 插件中，吸管工具通常用于选择正确的皮肤颜色。可以使用吸管工具选择一个代表皮肤颜色的参考点，插件会根据这个参考点的颜色进行调整，以使整个图像的皮肤看起来更加自然。其他选项保持默认值，如图 2-20 所示，单击"确定"按钮。考虑到男性的特点，我们不需要过度修饰人物的皮肤，使照片中的光线呈现出硬朗的效果。

图 2-19

图 2-20

　　通过对这张照片的调整，我们总结出可以通过以下步骤完成人物的面部修容。

　　（1）使用 Camera Raw 滤镜对照片进行基础调整。手动调整亮度、对比度和色温，以使照片更加明亮和自然。

　　（2）使用污点修复画笔工具去除照片上的瑕疵，如痘印和疤痕。通过取样周围区域的颜色、纹理和亮度，将画笔应用到待修复区域，使瑕疵消失或减轻。

　　（3）如果要修复较大的疤痕，可以借助修补工具进行。修补工具可以智能融合周围区域的纹理和颜色，隐藏或减轻疤痕。

　　（4）使用修补工具还可以去除油光，使人物看起来更加清爽和自然。

　　（5）最后，使用磨皮滤镜对人物进行磨皮处理。选择正确的皮肤颜色，并根据需要调整磨皮的程度，使人物肌肤看起来更加平滑和细腻。

　　完成以上步骤后，可右键单击图层空白处并选择"拼合图像"，然后保存照片。

　　以上就是面部修容的基本流程。

第 3 章
面部重塑

    本章将介绍面部重塑的相关内容。在 Photoshop 中，面部重塑指的是对人物面部进行改变和调整，以达到美化、修饰或改善面部的目的。通过面部重塑技术，可以调整面部的形状、大小、比例和轮廓，使人物的面部看起来更加理想化或符合审美需求。

常见的面部重塑技术包括以下几种。

（1）瘦脸：缩小脸部轮廓、减少面部脂肪，使脸部显得更加瘦小。

（2）去除双下巴：消除或减少下颌部的脂肪积聚，使下颌线条更加清晰。

（3）改变脸型：调整下颌的角度、突出或改善颧骨、调整额头等，改变脸部的整体形状和轮廓。

（4）眼部美化：调整眼睛的大小和形状，处理眼袋，使眼部更有神采。

（5）唇部调整：改变嘴唇的大小、厚度、弧度等，使其更加丰满或修长。

（6）平衡和对称：调整面部各个元素的比例和位置，使其看起来更加平衡和对称。

需要特别注意的是，在进行面部重塑时，要尊重人物的真实外貌，并避免过度美化或失真。调整前后的对比如图 3-1 和图 3-2 所示。

图 3-1

图 3-2

3.1 去除痘印与疤痕

将照片导入 Photoshop，如图 3-3 所示。

图 3-3

接下来我们对人物进行修饰、磨皮和美白，这是一个基本的步骤。首先，单击"创建新图层"按钮，如图 3-4 所示，复制背景图层。

利用第 2 章学过的污点修复画笔工具对人物脸上的痘印和疤痕进行去除，消除脸上较为明显的痘印和疤痕，如图 3-5 所示。

图 3-4

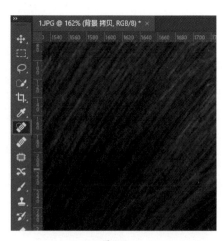

图 3-5

消除前后的对比如图 3-6 和图 3-7 所示。

图 3-6　　　　　　　　　　　　　　　　图 3-7

　　然后，利用修补工具对人物面部阴影部分进行调整，如图 3-8 所示。修补工具不仅可以去除痘印、细纹和疤痕等皮肤瑕疵，还可以处理人物面部的阴影，确保阴影分布均匀，甚至可以改善照片中人物面部的光线效果，使其看起来更加自然。利用修补工具进行选中，如图 3-9 所示。

图 3-8

　　拖动选区到其他皮肤区域，如图 3-10 所示。

　　单击"编辑"菜单，选择"渐隐修补选区"，如图 3-11 所示，调整"不透明度"，如图 3-12 所示。配合渐隐修补选区工具，调整"不透明度"，可以淡化整体的效果，让人物更加自然。

图 3-9

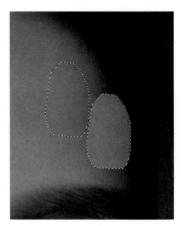

图 3-10

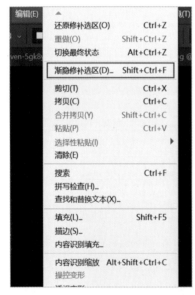

图 3-11

图 3-12

3.2　使用磨皮滤镜进行磨皮

　　调整之后，右键单击图层空白处，选择"拼合图像"，如图 3-13 所示。单击"创建新图层"按钮，复制新图层，如图 3-14 所示。

图 3-13

图 3-14

　　单击"滤镜"菜单，选择"Imagenomic"，选择"Portraiture"，用吸管工具吸取皮肤颜色，保持默认值，如图 3-15 所示，单击"确定"按钮，对人物进行磨皮处理。

图 3-15

3.3 五官美化

接下来，使用液化工具对面部的不足进行调整。液化是指一种修图工具或技术，主要用于对照片进行形态和结构的变形。通过液化工具，可以对人物的脸部形状进行细微的调整，如微调脸型、眼睛、鼻子等，使得面部特征更加匀称和理想化。但使用液化工具时需要注意适度，避免过度处理导致得到不自然的效果。单击"滤镜"菜单，选择"液化"，如图 3-16 所示。

可以选择左侧工具栏中的"画笔变形工具"，如图 3-17 所示。画笔变形工具是一种图像编辑工具，它可以用来对图像进行形态和结构的变形、扭

图 3-16

曲或拉伸。通过对图像进行局部的拉伸或压缩，可以减少或消除图像中的一些不完美之处。需要注意的是，画笔变形工具在使用时需要谨慎操作，以避免过度处理导致得到不自然或失真的效果。

在右侧的"属性"面板中，把画笔变形工具的"密度"调整到 40% 左右，如图 3-18 所示。在图像处理软件中，画笔变形工具的密度指的是工具应用的效果或变形程度。较高的密度值会产生更显著的变形效果，而较低的密度值则会产生较轻微的变形效果。

图 3-17

图 3-18

通过调整画笔变形工具的密度，可以控制其对图像的影响范围和程度。如果将密度设置为 100%，工具将会被以最大强度应用，并且覆盖整个画笔范围内的区域。而将密度设置为较小的值，例如 50% 或更小，工具则会被以较弱的强度应用，并且只在画笔的一部分区域产生变形效果。

密度能够根据需要细致地调整变形的程度。通过将密度设置得更小，可以逐渐建立变形效果，以便更好地控制图像的外观和变形结果。

当涉及对人物面部进行推拉和变形时，画笔变形工具是一个常用的工具。此外，液化工具也是一个有用的工具，它能够智能识别人脸，并提供针对人脸的特定处理选项。通过利用液化工具，我们可以根据个人的习惯和需求进行适当选择，对人物的面部进行智能处理。

因此，一个常见的流程是先利用液化工具对人物的面部进行智能处理，然后使用画笔变形工具进行二次调整。这样可以更好地控制和精确地调整人物面部的形状和特征，以获得期望的效果。

我们可以使用液化工具来对照片中的人物眼睛、鼻子和下颌进行适度的调整。首先，使用液化工具适度调整眼睛的大小，确保调整不要太夸张，范围在20以内，如图3-19所示，这样可以使眼睛看起来更加自然。

接下来，在液化工具中减小鼻子的宽度。考虑到亚洲人鼻翼相对较大，适度减小鼻子的宽度可以使得整个面部看起来更加协调。最后，在液化工具中减小下颌的值。这样可以使下颌线条更加柔和，让整个脸部的形状更自然，如图3-20所示。

图 3-19

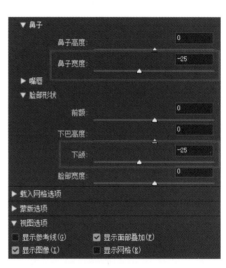

图 3-20

最后，利用画笔变形工具对人物的脸部进行调整。如果在调整的时候不想影响到人物的其他地方，可以利用左侧工具栏中的冻结蒙版工具，对不想影响到的区域进行涂抹，如图3-21所示。利用画笔变形工具对人物进行调整时，涂抹的区域不会受任何影响。

图 3-21

　　首先，选择画笔变形工具，调整密度，对需要调整的地方进行选取，以得到所需的形状和特征。然后，在左侧工具栏中找到冻结蒙版工具，选择该工具后，可以使用它来涂抹在不想受到调整影响的区域。通过将冻结蒙版工具应用于这些区域，可以防止画笔变形工具对其产生任何效果。

　　调整完毕后，如果需要修改之前冻结的区域，可以使用解冻蒙版工具。在工具栏中找到解冻蒙版工具，选择它以后，在之前冻结的区域上进行涂抹操作。这将取消对这些区域的冻结，使其可以再次受到画笔变形工具的影响。

　　单击"确定"按钮，调整前后的对比如图 3-22 和图 3-23 所示，效果非常明显。最后，选择"拼合图像"，对照片进行保存即可。

图 3-22   图 3-23

第 4 章
体形重塑

　　本章介绍体形重塑的相关知识点。体形重塑是一种通过后期调整和编辑照片的方法，它可以改变人物的体形和外貌。本章将介绍几种常用的技术和工具，包括调整色调和色温、使用混色器调整颜色效果、对肤色进行调整、对选区进行编辑、使用自由变换工具拉伸腿部、使用液化工具调整身材形状、利用画笔变形工具打造 S 形身材及最后的裁剪等。

调整前后的对比如图 4-1 和图 4-2 所示。

图 4-1

图 4-2

4.1 调整色调

将照片导入 Photoshop 界面，单击"滤镜"菜单，选择"Camera Raw 滤镜"，再将照片导入 Camera Raw 界面，如图 4-3 所示。

图 4-3

这张照片的色温对人物肤色产生了严重的影响，因此我们需要对人物肤色进行适当的还原，这就需要调整色调和色温。首先，打开"基本"面板，找到色温和色调调节工具，将色温和色调往蓝色方向调整，如图 4-4 所示。

减小高光的值，增加曝光的值，如图 4-5 所示，在调整过程中，要注意保持整体画面的平衡，确保人物仍然看起来自然而真实。

图 4-4

图 4-5

调整后的效果如图 4-6 所示。

图 4-6

接下来，通过"混色器"面板进行调整。混色器的作用是通过混合不同的颜色通道以调整图像的颜色效果和色彩平衡。混色器通常包含红色、绿色和蓝色这 3 个颜色通道。通过对这些颜色通道进行调整，可以改变图像中各种颜色的分布和强度。混色器主要有以下几个作用。

（1）使用混色器可以对图像的整体色调进行校正，例如增加或减少某个颜色通道的亮度或饱和度，从而改变整个图像的色彩效果。

（2）通过调整红、绿、蓝这 3 个颜色通道的强度，可以修正图像中的色温问题，使图像看起来更加自然。

（3）混色器还可以用于创建特殊的色彩效果，例如黑白照片、旧照片、冷暖色调等。通过对颜色通道的调整，可以实现各种创意和艺术效果。

照片中人物的肤色偏黄，我们可以通过调整橙色的明亮度来调整肤色，如图 4-7 所示，增加橙色的明亮度。调整后的效果如图 4-8 所示，这样可以使人物的皮肤相对透亮。

下面我们要对人物的肤色进行二次强化，对校准进行调整，如图 4-9 所示。在校准工具中，红原色、绿原色和蓝原色是用于调整图像的色彩平衡的参数，它们分别代表红色、绿色和蓝色在图像中的原始色彩信息，以实现更精确的色彩校正，让整体变得更加具有立体感。校准工具中的阴影参数用于调整图像中阴影区域的亮度和细节。

图 4-7

图 4-8

图 4-9

　　通过调整阴影参数，可以控制图像中阴影部分的明暗程度，使其更加清晰或明亮。增加阴影参数的值可以提亮图像中的阴影部分，使其更加明亮，减少阴影区域的黑暗感。减少阴影参数的值可以加深图像中的阴影部分，使其更加暗淡。

4.2 拉长腿部

单击右下角的"打开"按钮，将照片导入 Photoshop 界面，如图 4-10 所示。可以使用一些技术来改变人物的腿部，让它们看起来更修长。在这里我们使用选择工具中的矩形选框工具，如图 4-11 所示。使用矩形选框工具可以选择图像中的特定区域，将其定义为一个选区。选区可以用于对所选区域进行编辑、调整或应用特定的效果，而不会影响图像的其他部分。

图 4-10

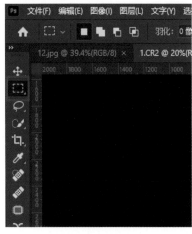

图 4-11

利用矩形选框工具在照片中创建一个选区，框选出人物的腿部区域。确保选区只包含腿部区域，不要包括其他身体部分，尤其是人物的手部，防止在改变腿部的过程中手部变形，如图 4-12 所示。

在 Photoshop 的菜单栏中，单击"编辑"菜单，选择"自由变换"，或使用快捷键 <Ctrl> 键 +<T> 键来激活自由变换工具。拖动选框的顶部或底部的控制手柄，使腿部区域向上或向下拉伸，从而改变它们的长度，如图 4-13 所示，按下 <Enter> 键可应用变换。

利用快捷键 <Ctrl> 键 +<D> 键取消选区，调整后的人物更加高挑。

图 4-12

图 4-13

在"图层"面板中选择人物所在的图层，右键单击该图层，然后选择"复制图层"，这样可以创建一个人物图层的副本，如图 4-14 所示。我们在副本上进行液化和其他编辑操作，而保持原始图层不变。单击菜单栏中的"滤镜"菜单，然后选择"液化"，如图 4-15 所示，打开液化工具的对话框。使用液化工具中的各种选项来调整人物的腿部。根据需要，逐渐进行微调，使腿部看起来更长。

图 4-14

图 4-15

图 4-16

为了保护树枝不受液化工具的影响，可以使用冻结蒙版工具。在液化工具的左侧面板中找到并选择"冻结蒙版工具"，如图 4-16 所示。然后，使用冻结蒙版工具涂抹或绘制树枝部分，如图 4-17 所示，这样液化工具就不会对该区域进行任何改动。

图 4-17

然后，选择"画笔变形工具"，对人物的身材进行调整，比如对人物腿部的调整，调整前后的对比如图 4-18 和图 4-19 所示。

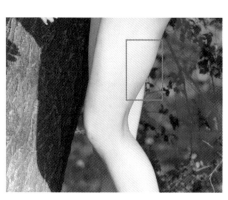
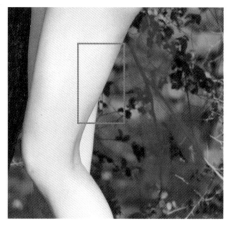

图 4-18　　　　　　　　　　　　　　　　　　　图 4-19

利用画笔变形工具打造人物的 S 形身材，对人物的腰部和腿部进行调整，调整前后的对比如图 4-20 和图 4-21 所示。

图 4-20　　　　　　　　　　　　　　　　　　　图 4-21

在拍摄过程中，如果预计需要后期对人物的腿部进行拉长操作，可以在构图时，尽量让人物身体在画面中下方留有一定空间。这样，你就可以在后期编辑时将照片的下方裁剪掉一部分，然后利用剩余的空间进行腿部拉长操作，而不会对主要内容造成太大影响。

　　最后，选择"裁剪工具"，如图 4-22 所示，对照片进行裁剪，使整体看起来
更加饱满，如图 4-23 所示。对照片进行保存。

图 4-22　　　　　　　　　　　　　　　　　图 4-23

第 5 章
证件照修饰技巧

　　本章介绍证件照的修饰技巧，以及如何更换证件照底色。证件照是用于证明身份、办理官方手续及个人资料登记的照片。修饰证件照时，需要注意不同的证件类型有不同的规定和标准，包括尺寸、比例、背景颜色等。证件照要求准确记录个人外貌特征，因此修饰时应尽量保持自然。避免过度使用化妆品、照片处理软件或滤镜等，使面部特征变形或不真实。同时，要确保照片清晰度高，确保面部完全可见，确保眼神清晰可见，避免反光或阴影影响视线。穿着应该得体整洁，避免穿着暴露、花哨或不恰当的服装。背景一般要求纯色，如白色或浅色背景。

调整前后的对比如图 5-1 和图 5-2 所示。

图 5-1

图 5-2

5.1　对照片进行裁剪

将照片导入 Photoshop 界面，如图 5-3 所示。

图 5-3

首先，了解所需证件照的规格和比例，这将确保最终裁剪的照片符合要求。本案例中我们对这张照片进行裁剪的比例是 5 : 7。在图像编辑软件中，使用裁剪工具来选择需要裁剪的区域。在选择要裁剪的区域后，可以对图像进行缩放和定位，以确保人脸位于裁剪框的中心。裁剪后的效果如图 5-4 所示。

单击"滤镜"菜单，选择"Camera Raw 滤镜"，将照片导入 Camera Raw 界面中，对照片进行美化。在"基本"面板中，增加曝光的值，减小黑色的值，增加阴影的值，减小白色的值，减小高光的值，如图 5-5 所示。

对"混色器"面板进行调整，增加橙色的明亮度，如图 5-6 所示，以提亮人物的肤色。

图 5-4

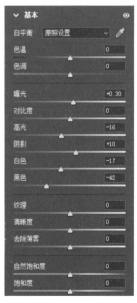

图 5-5

图 5-6

5.2　对人物进行磨皮处理

　　将照片导入 Photoshop 界面，对人物进行磨皮。单击"滤镜"菜单，选择"Imagenomic"，选择"Portraiture"，用吸管工具吸取面部的肤色，保持默认值，如图 5-7 所示，单击"确定"按钮，对面部进行磨皮处理。

图 5-7

当修饰证件照时，若想去除人物面部的明显痘印，可以使用修补工具来取得更好的效果。对于发丝的调整，仅使用污点修复工具可能无法完全满足要求，此时可以尝试使用修补工具来达到所需效果。选择"修补工具"，在照片中选中需要调整的部分，将选区拖动到与皮肤纹理相似的地方，如图 5-8 所示。松开鼠标，修补工具将自动根据选区内的皮肤纹理进行修复，覆盖瑕疵。可能需要多次重复以上步骤，直到有了满意的效果。

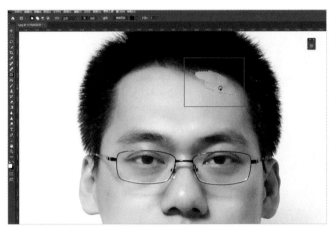

图 5-8

单击"编辑"菜单，选择"渐隐修补选区"，适当地调整"不透明度"，如图 5-9 所示，单击"确定"按钮。调整后的效果如图 5-10 所示。

图 5-9　　　　　　　　　　　　　　　　　图 5-10

5.3 人物面部美化

单击"滤镜"菜单，选择"液化"，对人物的五官进行调整，尽量使人物面部左右对称。和调整其他照片不同，在对证件照的人物面部进行调整时，保持面部特征的真实和自然是非常重要的。调整时要避免过度处理，以免使照片看起来不真实或人物面部形象被改变。

在调整过程中，可以尝试使用画笔变形工具来使人物的面部左右对称。观察照片时，发现人物的发际线存在不对称的情况，可以尝试通过拉低左侧的发际线来进行修正。调整前后的对比如图 5-11 和图 5-12 所示。

在液化界面中，可对眼睛和鼻子的参数进行调整，将左眼适当地放大，缩小鼻子的宽度，如图 5-13 所示。

图 5-11

图 5-12

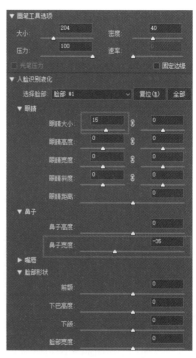

图 5-13

然后利用画笔变形工具，对鼻子、耳朵和嘴部的位置进行调整，调整前如图 5-14 所示，调整后如图 5-15 所示。

图 5-14

图 5-15

5.4 换底色

在证件照的修饰过程中，有时需要更改底色以满足特定要求，例如红底或蓝底。为此，需要进行人物的抠图操作，将其从原始背景中分离出来，然后放置在新的底色上。下面我们以制作蓝底证件照为例，学习如何对证件照更换底色。首先，选择"快速选择工具"，将人物选中，如图 5-16 所示。

图 5-16

添加蒙版，新建纯色图层，如图 5-17 所示。在弹出的拾色器对话框中选择蓝色，如图 5-18 所示，单击"确定"按钮。

图 5-17

图 5-18

将纯色蒙版图层拖到图层的最下方，就会得到蓝色背景的证件照，如图 5-19 所示。

图 5-19

放大照片后，我们会发现人物发丝周围的边缘痕迹非常明显，如何才能将它消除呢？双击蒙版图层，选择合适的视图，在左侧的工具栏中选择"调整边缘画笔工具"，如图 5-20 所示。

选择合适的视图以便观察，这里我们选择"叠加"，如图 5-21 所示。

图 5-20　　　　　　　　　　　　　　　　图 5-21

　　然后，对头发丝的部分进行涂抹，勾选"净化颜色"，如图 5-22 所示。净化颜色可将边缘半透明颜色去除。单击"确定"按钮，此时，已经将人物完美地抠图下来了，如图 5-23 所示。

　　可以使用纯色蒙版图层来调整证件照的底色。将照片保存为 PSD 格式，通过修改纯色蒙版图层的颜色，可以随意更换为你想要的底色，如图 5-24 所示。

图 5-22

图 5-23

图 5-24

最后，利用画笔工具，对部分细节进行适当的修饰。选择适当的前景色，可以使用工具栏中的前景色选取器，单击前景色框，然后选择所需的颜色。当你使用白色画笔在蒙版上绘制时，会显示纯色图层，从而改变证件照的底色。当你使用黑色画笔在蒙版上绘制时，会隐藏纯色图层，相当于擦除纯色效果，还原原始的证件照底色。调整完后，保存照片即可。

第 6 章
集体合照修饰技巧

　　集体合照是一种将一群人聚集在一起并拍摄的照片。它通常用于纪念特殊场合、团体活动或团队合作的时刻，如家庭聚会、婚礼、毕业典礼、公司年会、团队建设等。集体合照可以捕捉和记录人们共同的回忆和时刻，并展示整个团体或群体的凝聚力和团结度。在合照中，人们通常会站在一起，排成一行或形成一定的布局，以确保每个人都能在照片中清晰可见。

在生活中，会有许许多多的合照，那么如何对合照进行修饰呢？本章将介绍集体合照修饰的技巧，调整前后的对比如图 6-1 和图 6-2 所示。

图 6-1

图 6-2

6.1　调整照片的影调和色调

　　首先，将照片导入 Camera Raw 滤镜，如图 6-3 所示，对照片的整体环境的影调和色调进行处理。

图 6-3

　　选择"自动"，增加阴影和曝光的值；为了防止人物面部高光溢出，减小白色和高光的值，如图 6-4 所示。

　　在 Camera Raw 滤镜中，白色和黑色是用于调整图像的高光和阴影细节的参数。它们的作用如下。

　　白色用于调整图像中最亮区域的细节和亮度。通过增加白色的值，可以使图像中的高光更明亮并提高其细节。因此其通常用于修复过曝的图像或强调图像中的亮部细节。

　　黑色用于调整图像中最暗区域的细节和暗度。通过增加黑色的值，可以使图像中的阴影更深并提高其细节表现。因此其通常用于修复欠曝的图像或强调图像中的暗部细节。

　　在强烈的光照下拍摄的照片光比较高。光比是用来衡量照片中最亮部分和最暗部分之间的亮度差异的，光比大会导致照片中一些区域过曝（过亮）或失去细节。为

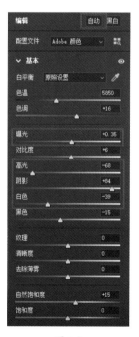

图 6-4

065

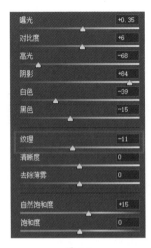

曝光	+0.35
对比度	+6
高光	-68
阴影	+84
白色	-39
黑色	-15
纹理	-11
清晰度	0
去除薄雾	0
自然饱和度	+15
饱和度	0

图 6-5

了避免这种情况发生，可以适当地降低"纹理"值，使画面更加柔和，如图 6-5 所示。

　　进入"几何"面板，选择"自动矫正"，如图 6-6 所示。自动矫正功能可以通过分析图像中的形变和扭曲，自动校正图像的形状和结构。当处理弯曲、扭曲的图像时，自动矫正可以尝试还原图像的原始形状，使其更加规整和准确。

图 6-6

6.2　对天空进行修饰

　　观察照片，可以发现天空很亮，接下来我们对天空进行处理。单击右侧工具栏的蒙版，选择"选择天空"，如图 6-7 所示。

　　选择天空工具的好处是可以方便、快捷地选择图像中的天空区域，使用算法或引导线等技术来自动检测天空区域，因此可以得到相对准确的选择结果。这样也可以避免手动选择时可能出现的误差和不完整的选择，不需要手动绘制或逐像素选择，节省了时间和精力，能够更高效地完成图像处理任务。选择天空工具可以针对天空区域进行特定的编辑和处理操作，如调整天空的亮度、对比度、色彩平衡等。

　　勾选"显示叠加"，如图 6-8 所示，这样可以将识别到的天空更好地展现出来，方便观察。如图 6-9 所示，红色即识别到的天空。

图 6-7

图 6-8

图 6-9

图 6-10

接下来我们对天空的色调和亮度进行调整，减小高光和曝光等参数的值，如图 6-10 所示。

调整后的天空如图 6-11 所示，然后单击"打开"按钮，将照片导入 Photoshop 界面。

图 6-11

6.3　使用磨皮滤镜进行磨皮

将照片导入 Photoshop 界面，如图 6-12 所示，对人物进行仔细的调整。

图 6-12

　　首先，通过使用磨皮滤镜对人物的面部及手部进行磨皮。单击"滤镜"菜单，选择"Imagenomic"，选择"Portraiture"，如图 6-13 所示。用吸管工具吸取需要调整的皮肤颜色，保持默认值，如图 6-14 所示，单击"确定"按钮。

图 6-13

图 6-14

接下来，对人物进行美白处理。建立曲线蒙版图层，提升曲线，如图 6-15 所示。然后单击"蒙版"，选择"反相"，如图 6-16 所示。反相的作用是将某个颜色换成它的补色。

图 6-15

　　选择"渐变工具"，前景色选择"白色"，如图 6-17 所示。渐变选择"前景色到透明渐变"，如图 6-18 所示。

图 6-16

图 6-17

　　渐变工具可以创建具有平滑过渡效果的颜色渐变。通过渐变工具，指定它们之间的渐变方式，例如线性渐变、径向渐变或角度渐变，在这里我们用到的是径向渐变方式，如图 6-19 所示。可以从一种颜色逐渐过渡到另一种颜色，或者从一种颜色过渡到透明。有时，在图像的不同区域之间可能存在明显的颜色过渡边界，而使用渐变工具，可以平滑这些过渡边界，使图像看起来更自然。

图 6-18

　　"不透明度"控制在 40% 左右，如图 6-20 所示，对人物的面部进行擦拭，还原人物的面部。

图 6-19

图 6-20

最后，单击"滤镜"，选择"液化"，可以利用画笔变形工具对照片中的人物进行细微的调整。如果人物比较多，对位置靠前的人物进行修饰即可，因为位置靠后的人物的面部较小，展现出来的部分也比较少。以调整人物的腿部为例，调整前后的对比如图 6-21 和图 6-22 所示。

图 6-21

图 6-22

　　为了防止在调整前面的人物时使
周围的环境发生扭曲或变形，尤其是对
后面的人物产生影响，我们需要利用冻
结蒙版工具，将可能受到影响的潜在
部位选中，如图 6-23 所示的区域。此
时，对前面的人物进行调整时，后面人
物的腿部不会发生变形。调整完后，
利用解冻蒙版工具，将冻结的区域解冻
即可。

图 6-23

　　调整完后，单击右下角的"确定"按钮，如图 6-24 所示，然后对照片进行
保存。

图 6-24

第 7 章
家庭人像修饰技巧

　　家庭人像修饰是指对家庭照片中的人物进行美化和优化处理，以提升照片的质量和观感。这种修饰常用于家庭聚会、婚礼、孩子成长等场合的照片，以展现人物的美丽、自然。在家庭人像修饰中，可以通过调整曝光、对比度等参数来改善照片的整体效果。同时，还可以对人物面部进行局部美化，如润肤、去皱、增加光泽等，使人物更具吸引力和自然感。此外，还可以对照片进行裁剪和调整背景，以突出人物主体或创造更好的视觉效果。

本章介绍家庭人像修饰技巧，调整前后的对比如图 7-1 和图 7-2 所示。

图 7-1

图 7-2

首先，单击"滤镜"菜单，选择"Camera Raw 滤镜"，将照片导入 Camera Raw 滤镜中，如图 7-3 所示。

图 7-3

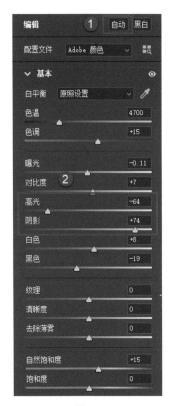

图 7-4

选择"自动",增加"阴影"的值,降低"高光"的值,如图 7-4 所示。

观察照片,我们会发现人物面部的高光溢出,如图 7-5 所示。需要降低"白色"的值,增加"对比度"和"曝光"的值,再适当增加"阴影"的值,对图像中较暗、对比度较低区域进行改善,如图 7-6 所示。

接下来降低"纹理"的值,如图 7-7 所示。在 Camera Raw 滤镜中,纹理功能可以用来增强或减弱图像的细节和纹理效果。通过增加"纹理"的值,可以突出图像中的细节和纹理,使其更加清晰和有质感。这对于风景照片或需要突出纹理的主题非常有用,例如建筑物的纹理、树木的细节等。与增强细节相反,通过降低"纹理"的值,可以柔化图像中的细节和纹理。这在人像摄影或需要创造柔和氛围的照片中常常使用,可以减少皮肤纹理、减轻细节的显露等。

图 7-5

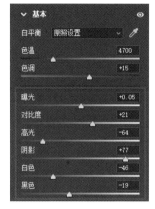

图 7-6

图 7-7

　　在第 6 章中，我们在处理天空时利用了"选择天空"，对天空部分进行了快速的处理。本章我们将学习如何利用"选择主体"快速处理人物主体。同样，单击右侧工具栏中的"蒙版"按钮，选择"选择主体"，如图 7-8 所示，勾选"显示叠加"，人物主体已经被选中，如图 7-9 所示。

图 7-8 图 7-9

　　人物面部已经非常透亮了，所以面部不需要参与接下来的操作，我们需要将
人物面部的选区取消。单击"减去"按钮，选择"画笔"工具，如图 7-10 所示，
通过单击、拖动或涂抹人物的面部，将该区域从蒙版中擦除，将选区取消，如
图 7-11 所示。

图 7-10 图 7-11

在右侧的调整面板中，对主体进行调整，增加"曝光"的值，降低"高光"的值，等等，如图 7-12 所示。

选择"裁剪工具"，对照片进行裁剪，突出人物主体，如图 7-13 所示。

图 7-12

图 7-13

接下来，对人物的肤色进行调整。在"混色器"面板中，对橙色的明亮度进行调整，增加明亮度的值，如图 7-14 所示，提亮人物的肤色，调整后的效果如图 7-15 所示。

图 7-14

图 7-15

当照片中存在较多噪点时，可以通过调整图像编辑软件的"细节"面板中的"减少杂色"选项来处理这些噪点。该选项通常用于降低图像中的色彩噪点和亮度噪点，以改善图像的清晰度和细节，如图 7-16 所示。

图 7-16

由于拍摄环境的原因，人物距离比较远，所以不一定要对人物进行磨皮和液化。如果需要磨皮，可以使用磨皮滤镜对人物的皮肤进行磨皮处理。

单击右下角的"打开"按钮，如图 7-17 所示，将照片导入 Photoshop 界面，如图 7-18 所示。

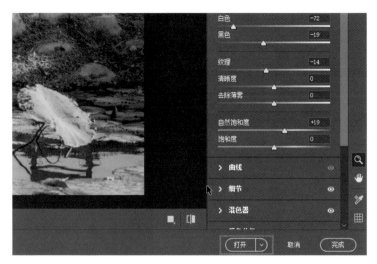

图 7-17

图 7-18

单击"滤镜"菜单，选择"Imagenomic"，选择"Portraiture"，如图 7-19 所示，进入磨皮滤镜界面。利用吸管工具吸取皮肤的颜色，选择默认值，如图 7-20 所示，单击"确定"按钮。

图 7-19

图 7-20

不是所有照片都需要进行磨皮处理，根据照片中人物的实际情况进行操作，最后保存照片即可。

第 8 章
环境人像修饰技巧

　　本章介绍环境人像修饰技巧。环境人像修饰是一种将人物与背景环境相互协调和融合的图像编辑技术，通过一些修饰和调整，可以达到突出人物形象、改善环境氛围并增强整体视觉效果的目的。

调整前后的对比如图 8-1 和图 8-2 所示。

图 8-1

图 8-2

8.1　美化人物

将照片导入 Camera Raw 滤镜，如图 8-3 所示。

图 8-3

仔细观察照片，这张照片是在逆光的环境下拍摄的，导致人物的面部比较暗，所以需要增加"曝光"的值，从而提亮画面。同时，为了防止高光溢出，应该适当减小"高光"的值，减小"白色"的值，如图 8-4 所示。减小"纹理"的值，让整个画面变得更加柔和，如图 8-5 所示。

图 8-4

图 8-5

图 8-6

由于增加了"曝光"的值，所以照片有很多的噪点，我们可以通过"细节"面板中的"减少杂色"对画面进行降噪处理，如图 8-6 所示。

单击右侧工具栏中的"蒙版"，选择"选择主体"，如图 8-7 所示。识别出人物主体后，勾选"显示叠加"，将识别的人物主体显示出来，如图 8-8 所示。

图 8-7

图 8-8

检测出的主体如图 8-9 所示。

通过观察，我们发现自动识别的人物主体并不是很准确，我们只需要对人物进行调整即可。所以我们可以通过"减去"工具，选择"画笔"，如图 8-10 所示，对其他的选区进行擦除，留下我们需要的选区，如图 8-11 所示。

图 8-9

图 8-10

接下来，对选区进行调整，增加"曝光"的值，减小"高光"的值，增加"阴影"的值，减小"白色"的值，如图 8-12 所示。

图 8-11

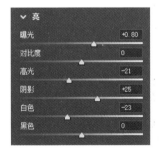

图 8-12

调整好之后的效果如图 8-13 所示，单击右下角的"打开"按钮，将照片导入 Photoshop 界面，如图 8-14 所示。

图 8-13

图 8-14

　　观察人物主体，我们发现人物的脸部还是不够亮，但是人物的其他部分已经很亮了，此时我们可以利用快速选择工具，将人物的面部快速选择出来。快速选择工具是图像编辑软件中的一种选择工具，用于快速选取特定区域，它可以根据用户绘制的轮廓自动识别并选取相似颜色或纹理的区域。

图 8-15

　　首先，在左侧的工具栏中找到并选择"快速选择工具"，如图 8-15 所示。

　　单击并拖动或用触摸板在你想要选取的区域上绘制轮廓，快速选择工具会根据用户所绘制的轮廓选取相似颜色或纹理的部分，如图 8-16 所示，人物的面部已经被选择出来。

图 8-16

　　单击"调整"面板中的"创建新的曲线调整图层"，建立曲线蒙版，对人物的面部进行提亮，如图 8-17 所示。单击"蒙版"，对"羽化"的值进行调整，如图 8-18 所示，可以让人物亮度过渡更加自然。羽化是一种图像编辑技术，用于对照片或图像进行柔化处理，使图像过渡更加平滑和自然。羽化通常用于创建渐变效果、实现图像融合、产生柔和的边缘等。

图 8-17   图 8-18

　　然后，通过使用磨皮滤镜对人物进行磨皮处理。单击"滤镜"菜单，选择 "Imagenomic"，选择"Portraiture"，用吸管工具吸取人物皮肤的颜色，选择默认值，如图 8-19 所示，单击"确定"按钮。

图 8-19

8.2　美化环境

对人物的调整基本结束，接下来我们对环境进行美化。首先，建立一个纯色蒙版图层，右键单击图层，选择"纯色"，如图 8-20 所示。

由于照片的色调整体偏黄，所以纯色蒙版图层的颜色选择相近的颜色即可，如图 8-21 所示，单击"确定"按钮。

图 8-20　　　　　　　　　　　　　　　　图 8-21

将纯色图层的混合模式改为"柔光"，"不透明度"调整为 30% 左右，如图 8-22 所示。在图像编辑软件中，柔光是一种常用的混合模式。它可以将上层图层与下层图层进行混合，从而产生特定的光照效果。使用柔光混合模式，上层图层中较亮的像素会增加下层图层中对应位置像素的亮度，而较暗的像素则会增加下层图层中对应位置的暗度。这样可以增强图像的对比度，使得高亮部分更明亮，阴影部分更暗，整个图像更加饱满。

柔光混合模式还能够对颜色进行调整。上层图层中较亮的像素会增加下层图层中对应位置像素的饱和度，而较暗的像素则会降低下层图层中对应位置像素的饱和度。这样可以增强或减弱图像的颜色饱和度，从而改变整体色彩的表现。

此时，颜色被附着在画面上，人物的肤色也受到了影响，我们需要对人物的面部和手部的肤色进行还原。利用画笔工具，前景色选择"黑色"，擦拭人物的面部和手部，如图 8-23 所示。

图 8-22

图 8-23

　　根据照片中人物的身材特点，可以确定不需要进行液化处理。因为这张照片中的人物身材高挑、纤细，不需要对其进行形体上的调整。最后，右键单击图层空白处，选择"拼合图像"，对照片进行保存。

第 9 章
婚纱摄影修饰技巧

　　婚纱摄影作品是指以婚礼为主题的摄影作品，旨在捕捉和展现新娘和新郎在婚礼中的浪漫和幸福时刻。婚纱摄影作品通常在新人结婚前或结婚后的特定时间内进行拍摄，目的是记录这一特殊的人生时刻。

本章介绍婚纱摄影修饰技巧，调整前后的对比如图 9-1 和图 9-2 所示。

图 9-1

图 9-2

　　这张婚纱摄影照片展现了一个非常唯美的场景，环境十分漂亮，人物也非常靓丽，整体画面非常出色。然而，由于天气原因，照片的透明度和色彩表达并未得到很好的展现，结果画面整体偏灰。为了改善照片效果，我们可以分两步进行调整。首先，针对环境进行调整；其次，对人物进行调整。

　　第一步，对于环境的调整。

　　增加对比度：通过增加对比度，可以使画面更加鲜明，环境细节更加突出。

　　增强色彩饱和度：适当增加色彩饱和度，使得画面中的颜色更加生动和鲜明，环境显得更加活泼和吸引人。

　　第二步，对于人物的调整。

　　调整明暗和色彩平衡：对人物进行适当的明暗调整，使其与环境更好地融合。同时，对色彩平衡进行微调，使人物的肤色看起来更加自然。

　　美肤和磨皮处理：利用图像编辑软件进行美肤和磨皮处理，使人物的肌肤看起来更加光滑细腻，突出婚纱的质感和人物的美丽。

　　通过以上两步调整，我们可以改善照片的整体效果，使照片更加真实、美丽。

9.1　对环境进行调整

　　首先，对环境进行调整。将照片导入 Camera Raw 滤镜，如图 9-3 所示。

图 9-3

选择"自动"，由于画面偏灰，我们可以提高"对比度"的值，增加"阴影"的值，增加"黑色"的值，增加"去除薄雾"的值等，如图9-4所示，让画面变得更加通透。增加"去除薄雾"的值的操作可以使照片中的景物更加清晰和明亮。薄雾通常会降低画面的对比度和细节，给照片带来一种朦胧、模糊的感觉。通过去除薄雾，可以改善照片的视觉效果，并使得细节更加突出。

图 9-4

放大照片，我们会发现照片中存在紫边，如图9-5所示。在照片的边缘或高对比度边界处，紫外光和蓝色光会比其他颜色更强烈地聚焦，产生紫色或蓝色的色差，也就是所谓的紫边。我们可以通过调整"光学"面板中的配置文件，对紫边进行去除。勾选"删除色差"，调整紫色和绿色的数量和色相，如图9-6所示，紫边已经被消除。

图 9-5

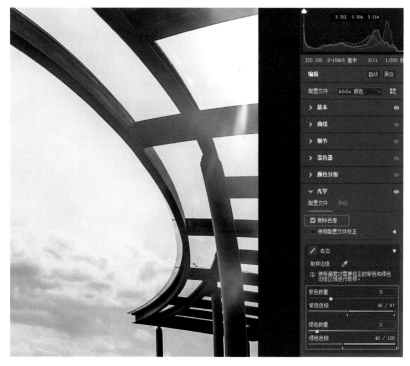

图 9-6

　　接下来，对照片整体的环境进行进一步的调整。对混色器进行调整，首先调整色相，减少"紫色"的值，增加"浅绿色"的值，如图 9-7 所示。然后对饱和度进行调整，增加"浅绿色"和"蓝色"的值，如图 9-8 所示。

图 9-7

图 9-8

9.2 应用智能对象

右下角打开方式选择"打开对象",如图 9-9 所示,将照片导入 Photoshop 界面,如图 9-10 所示。

图 9-9

图 9-10

在 Photoshop 中,"打开对象"和"打开"是两种不同的文件打开方式。打开对象是将一个或多个图像(或其他文件类型)作为智能对象打开。智能对象是一种特殊的图层类型,它具有非破坏性的编辑特性。将文件打开为智能对象时,它将被嵌入文档，并保留其原始文件的链接。这意味着可以在不降低图像质量的情况下对其进行自由变换、应用滤镜和调整。此外，智能对象还可以随时重新编辑，以便对其进行修改和更新。

打开是将文件直接打开为一个或多个独立的图层。打开的文件将被加载到Photoshop 的工作区中，我们可以在"图层"面板中看到它们，并对其进行各种编辑操作。这是常规的文件打开方式，适用于大多数情况，其中图像将以单独的图层加载到文档中。

总结来说，打开对象是将文件作为智能对象打开，以保留其原始文件的链接和非破坏性编辑功能。而打开是将文件直接加载为一个或多个独立的图层进行常规编辑。

将照片以智能对象的方式打开后，右键单击图层，选择"通过拷贝新建智能对象"，如图9-11 所示。通过将图层转换为智能对象，这意味着可以随时撤销或修改应用于智能对象的各种效果，而不会降低图像质量或重新编辑图像。可以更加灵活地控制和调整图层效果，以获得预期的视觉效果。

此时，有两个图层，如图 9-12 所示。

图 9-11

图 9-12

9.3 对人物进行调整

单击上方的图层，进入 Camera Raw 滤镜界面，将参数复位为默认值，如图 9-13 所示。接下来对人物进行调整。选择"自动"，增加"曝光"的值，减少"白色"的值等，如图 9-14 所示。

对混色器进行调整，调整色相和明亮度，如图 9-15 和图 9-16 所示，调整完毕之后，单击右下角的"确定"按钮。

图 9-13

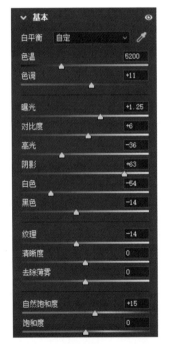

图 9-14

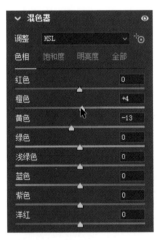

图 9-15

进入 Photoshop 界面，单击右下角的"添加蒙版"按钮，对刚刚调整人物的图层添加蒙版。按住 <Alt> 键，单击蒙版，此时会添加一层黑色蒙版，如图 9-17 所示。

图 9-16

图 9-17

　　选择"快速选择工具"，利用快速选择工具将人物主体选择出来，如图 9-18 所示。

　　前景色选择"白色"，通过渐变工具对选择出来的人物主体进行擦拭，对人物进行还原，如图 9-19 所示。

图 9-18

图 9-19

单击"选择"菜单，选择"取消选择"取消选区，或者利用快捷键 <Ctrl> 键 +<D> 键取消选区，如图 9-20 所示。

将"不透明度"降低到 30% 左右，再次利用渐变工具对人物周围的环境进行擦拭，这样可以使周围环境和人物主体之间过渡得更加自然。

图 9-20

9.4　使用磨皮滤镜进行磨皮

右键单击图层空白处，选择"拼合图像"，接下来对人物进行磨皮处理。单击"滤镜"菜单，选择"Imagenomic"，选择"Portraiture"，用吸管工具吸取皮肤颜色，保持默认值，如图 9-21 所示，单击"确定"按钮。

最后，对人物进行液化处理。利用画笔变形工具，将人物的手臂缩进，将肩膀稍微往下调整等，使人物看起来更加苗条，调整前后的对比如图 9-22 和图 9-23 所示，单击"确定"按钮，保存文件即可。

图 9-21

103

图 9-22

图 9-23

第 10 章
人像调整技巧概述

本章介绍如何对人像进行调整。

调整前后的对比如图 10-1 和图 10-2 所示。

图 10-1

图 10-2

首先，将照片导入 Camera Raw 滤镜，如图 10-3 所示。

图 10-3

观察照片，拍摄的地点是在旧的茶馆，整体环境比较复古，在调整的时候要往复古色调调整。复古色调是指一种具有过去时代感、旧时光感的色调和效果。它通常使用较为柔和、染色较深或浓郁的颜色，以营造出怀旧、宁静的氛围。照片中白色茶杯的部分亮度很高，而周围的环境很暗，所以我们应该降低画面的反差。

10.1　调整影调和色调

首先，在 Camera Raw 滤镜的"基本"面板中，减小"高光"的值，增加"阴影"的值，增加"曝光"的值，减小"白色"的值，减小"自然饱和度"的值，如图 10-4 所示。在 Camera Raw 滤镜中，白色控制图像中亮部细节的修复程度。通过调整"白色"的值，可以减少或增加图像中亮部的明亮程度。向右移动"白色"对应的滑块可恢复过曝的高光细节，向左移动则可以减少高光细节，产生艺术效果。

然后，对人物的肤色进行调整。打开"混色器"面板，增加"红色"和"橙色"的明亮度，如图 10-5 所示。

107

图 10-4

图 10-5

　　找到"几何"面板，单击"自动"按钮，如图 10-6 所示。在 Photoshop 中，几何面板中的"自动"选项具有以下作用。

　　（1）透视校正："自动"选项可以自动检测图像中可能存在的透视失真，并

尝试校正这些失真。它可以调整图像的垂直和
水平线条，使其看起来更加规整和直立。

（2）扭曲校正：当图像中有扭曲或畸变
时，"自动"选项可以尝试自动校正这些扭
曲。它通过分析图像中的线条和形状来修复扭
曲，使其看起来更加平直和正常。

（3）修剪：在进行自动校正时，"自动"
选项可能会自动裁剪图像以去除校正后的空白
区域。这样可以消除校正过程中可能出现的无
效部分，使图像更加紧凑和完整。

图 10-6

选择"裁剪工具"，右键单击照片，选择
"长宽比"，选择"2×3/4×6"，如图 10-7 所示，对照片进行裁剪，将多余的部
分裁剪掉，按 <Enter> 键或者双击应用裁剪。

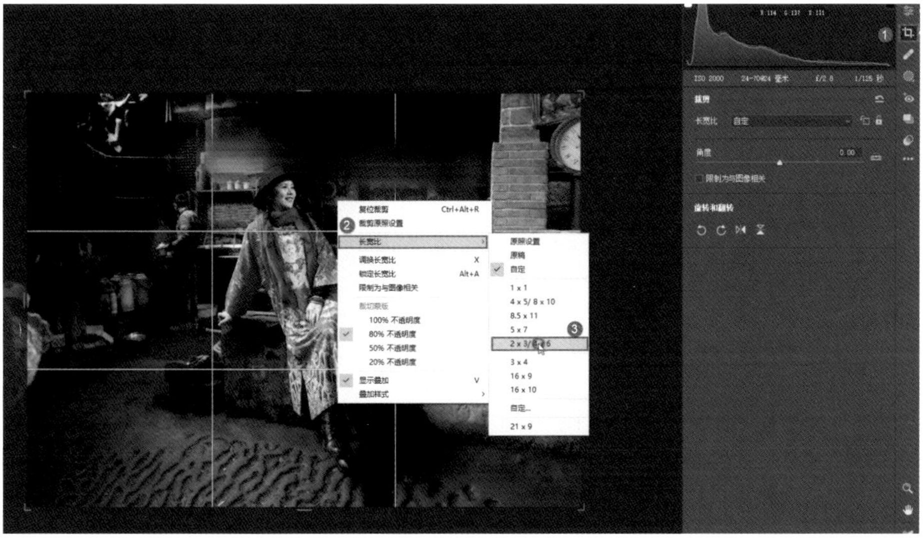

![图 10-7 界面截图]

图 10-7

裁剪后的照片如图 10-8 所示。

然后，对人物周围的环境进行压暗处理。单击右侧工具栏中的"蒙版"按
钮，选择"画笔"工具，如图 10-9 所示。

图 10-8

　　在右侧的调整面板中可以调整画笔的大小，我们要对周围环境进行压暗，所以要减小"曝光"和"高光"的值，如图 10-10 所示。

图 10-9

图 10-10

调整好画笔的大小之后，在需要压暗处理的地方单击即可，尤其是照片中杯子的区域，如图 10-11 所示。

调整完之后，单击右下角的"打开"按钮，如图 10-12 所示，将照片导入 Photoshop 界面，如图 10-13 所示，对照片进行进一步的调整。

图 10-11

图 10-12

图 10-13

10.2　使用神经滤镜进行磨皮

接下来，对人物的面部进行处理。首先分析一下人物面部，人物面部的光线

十分充足，提亮了人物的面部，在一定程度上达到了美白的效果，所以我们不需要对人物进行美白处理，只需要对人物进行磨皮处理。人物的面部有一些阴影的部分，如图 10-14 所示，阴影部分使得人物面部肤色不均匀，我们需要对其进行处理。

单击"滤镜"菜单，选择"Neural Filters"，如图 10-15 所示，进入神经滤镜界面，如图 10-16 所示。

图 10-14

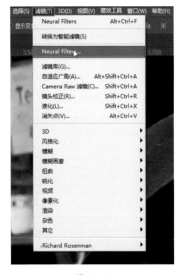

图 10-15

图 10-16

单击"皮肤平滑度"按钮，对"模糊"的数值进行调整。由于人物的面部瑕疵很少，没有很明显的痘印等，所以"模糊"的数值不要设置得太大，如图 10-17 所示，调整完毕之后，单击右下角的"确定"按钮，应用设置。

图 10-17

10.3　处理面部阴影

　　然后，对人物面部的阴影进行处理。在左侧的工具栏中的"污点修复画笔工具"处单击鼠标右键，选择"修补工具"，如图 10-18 所示。

　　将需要修复的阴影部分选中。以人物脸旁的阴影为例，在图像区域中，按住鼠标左键并拖动，用修补工具绘制选区的起点和终点，这样就创建了一个选区，如图 10-19 所示。

图 10-18

图 10-19

按住鼠标左键并拖动修补工具，将其应用到需要修补的区域，如图 10-20 所示。修补工具会根据选区内的像素样本，对选区外的损坏或瑕疵部分进行修复，如图 10-21 所示。

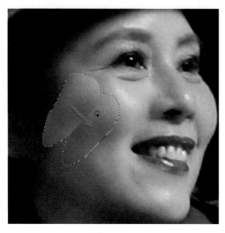

图 10-20

图 10-21

　　单击"编辑"菜单，选择"渐隐修补选区"，如图 10-22 所示，进入渐隐的对话框。将"不透明度"调整为 75% 左右，如图 10-23 所示，单击"确定"按钮。

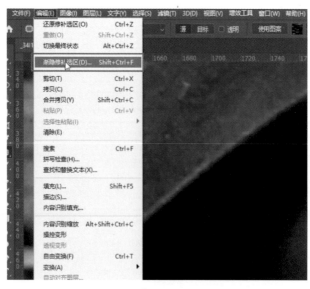

图 10-22

重复上述操作，对人物面部的阴影部分进行调整，调整之后的效果如图 10-24 所示。

图 10-23

图 10-24

10.4　液化

经过上面的步骤，人物的面部和轮廓变得更加清晰了，接下来我们需要对人物进行液化操作。单击"滤镜"菜单，选择"液化"，如图 10-25 所示。

选择"画笔变形工具"，在右侧的调整面板中，对画笔的大小进行适当的调整，然后对人物进行修饰。比如，人物的苹果肌很大，我们可以往里推进，如图 10-26 所示。然后对人物的下颌进行稍微调整，对人物的手部进行调整。由于照片中人物穿着的服装并不显身材，所以对人物的身材不需要调整。调整完之后，单击右下角的"确定"按钮。

图 10-25

图 10-26

　　我们需要对照片的色调进行调整，单击右侧"调整"面板中的"创建新的曲线调整图层"按钮，建立曲线图层，对蓝色通道进行调整，降低蓝色含量，如图 10-27 所示。

图 10-27

　　然后对红色通道进行调整，降低红色含量，如图 10-28 所示。

　　经过刚刚对曲线的调整，人物的面部已经受到影响，所以我们需要对人物的

面部进行还原。选择"渐变工具"，前景色选择
"黑色"，渐变模式选择"前景色到透明渐变"，
选择"径向渐变"如图 10-29 所示。单击并在人
物的面部拖动，对人物面部进行还原。

调整完毕之后，右键单击图层空白处，选择
"拼合图像"，如图 10-30 所示。最后，对照片进
行保存即可。

图 10-28

图 10-29

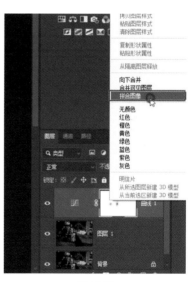

图 10-30

第 11 章
户外人像摄影作品的修饰

  户外人像摄影作品是指在户外环境中拍摄的以人物为主题的作品。这些作品旨在通过捕捉人物的形象、表情和姿态，展现出人物的个性和魅力等，同时将其与环境融合在一起，创造出具有独特氛围和美感的照片。

  户外人像摄影作品通常通过合理选择拍摄地点、光线和背景等元素来呈现不同的风格。例如，在大自然中拍摄的作品可以突出人与自然的和谐感，展示出宽广的背景和生动的色彩；而在城市拍摄的作品则可以突出都市的快节奏和繁华感。

  此外，户外人像摄影作品还可以借助道具、服装、化妆和姿势等元素来丰富照片的故事性和艺术性。通过合理运用构图、光影、焦点和色彩等技巧，摄影师可以创造出各种不同风格和效果的户外人像摄影作品，如自然清新、浪漫唯美、时尚前卫等。

　　本章介绍如何修饰户外人像摄影作品，调整前后的对比如图 11-1 和图 11-2 所示。

图 11-1

图 11-2

将照片导入 Camera Raw 滤镜，如图 11-3 所示。

图 11-3

由于这张照片的曝光量和环境都很好，我们只需要对照片进行裁剪，选择"裁剪工具"，右键单击照片，选择"长宽比"，选择"1×1"，如图 11-4 所示。

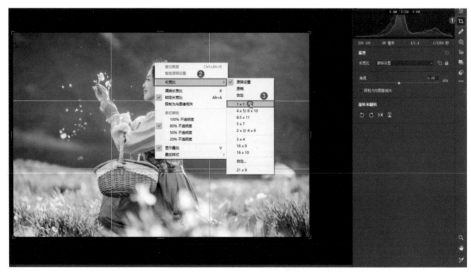

图 11-4

按住鼠标左键并拖动，调整至合适位置，松开鼠标，应用调整，然后单击

"打开"按钮，如图 11-5 所示，将照片导入 Photoshop 界面，如图 11-6 所示。

图 11-5

图 11-6

在基本的编辑、裁剪之后，我们需要处理人物面部的一些问题。修饰人像比

图 11-7

风景更烦琐，因为它涉及皮肤磨皮、美白和液化等步骤。在进行这些步骤之前，我们需要先复制一层背景图层。单击右下角的"创建新图层"按钮，复制背景图层，如图 11-7 所示。

11.1 使用神经滤镜进行磨皮

人物整体的肤质还可以，主要是眼部的皱纹、面部轮廓和牙齿需要进行处理。同样，我们选择磨皮处理，尽管肤质已经不错，但是磨皮处理后会让肤质看起来更好。单击"滤镜"菜单，选择"Neural Filters"，如图 11-8 所示，进入神经滤镜界面，如图 11-9 所示。

图 11-8

图 11-9

打开"皮肤平滑度"按钮，对"模糊"的数值进行调整。由于皮肤已经很好，所以不需要过多模糊，使用默认值即可，如图 11-10 所示，单击"确定"按钮。神经滤镜是前文介绍过的，它非常强大。新版的 Photoshop 除了算法更强大外，加入这个滤镜后，很多烦琐的步骤都可以省略。单击"确定"后，它的算法会精准地识别人物面部，因此我们不需要进行选区或选择操作。

对于这种特写的人像肖像，我们需要将眼睛、鼻子、牙齿等的轮廓恢复一些细节。首先，创建一个新的图层，单击右下角的"添加蒙版"按钮，如图 11-11所示，添加新图层。

图 11-10

图 11-11

找到画笔工具，前景色选择黑色，不透明度约为 50%，如图 11-12 所示，用画笔工具还原人物的眼睛、眉毛、鼻子和嘴巴的位置。

调整完毕之后，右键单击图层空白处，选择"拼合图像"，如图 11-13所示。

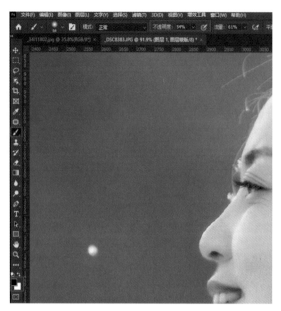

图 11-12   图 11-13

11.2　处理面部细纹

　　然后，使用修补工具处理面部细纹。选择"修补工具"，按住鼠标左键并拖动，用修补工具绘制选区的起点和终点，这样就创建了一个选区，将需要修复的部分选中，如图 11-14 所示。

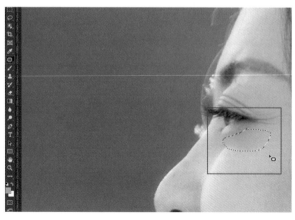

图 11-14

选定细纹所在位置并拖动到其他位置，如图 11-15 所示，以平滑皮肤纹理。

接下来，调整细纹的保留程度，让其保持一点若隐若现的效果。单击"编辑"菜单，选择"渐隐修补选区"，如图 11-16 所示，进入渐隐的对话框。将"不透明度"调整为 50% 左右，如图 11-17 所示，单击"确定"按钮。

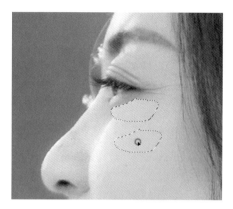

图 11-15

图 11-16

图 11-17

采用同样的方式处理其他位置。每个人都有自己美的一面，不需要完全修掉所有痕迹，保留一些岁月的痕迹能让人看起来更加成熟和自然。

11.3　液化

接下来，单击"滤镜"菜单，选择"液化"，如图 11-18 所示。选择"画笔变形工具"，在右侧的调整面板中，对画笔的大小进行适当的调整，如图 11-19 所示，然后对人物进行修饰。调整下巴和嘴巴的位置，稍微收紧下巴但不要太尖，以保持真实和自然的效果。对人物的体形进行修饰，例如收紧背部和腰线，调整手部的位置，推拉头部，使发量看起来更加充足，等等。

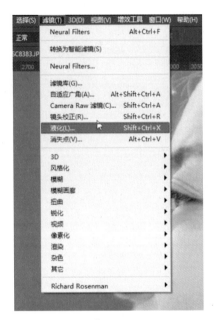

图 11-18

图 11-19

　　最后，查看调整后的效果，如图 11-20 所示，人物经过液化处理后变得更加
苗条，单击右下角的"确定"按钮，确认更改。

图 11-20

11.4　牙齿美白

　　人物的牙齿看起来不够白，我们可以使用减淡工具进行牙齿美白。在左侧的工具栏中，选择"减淡工具"，如图 11-21 所示。"范围"选择"中间调"，如图 11-22 所示。减淡工具是一种用于调整图像亮度和对比度的工具，它可以帮助我们在照片中减少某些区域的阴影或暗部。

图 11-21

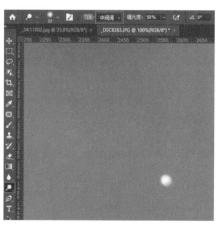

图 11-22

在牙齿的区域单击，在使用减淡工具时要注意保持自然和均匀的效果，避免过度减淡或出现明显的笔触痕迹，细致的调整和适度的减淡会使图像看起来更平衡和细腻。调整后的效果如图 11-23 所示。

图 11-23

第 12 章
儿童摄影作品的修饰

在拍摄儿童的时候，让他们自由自在地嬉戏玩耍，只需将相机设置为连拍模式，去抓拍他们的精彩瞬间。因为这些瞬间通常是他们最纯真、最自然的状态。如果让一个人静静地站在那里让你拍摄，他往往会表情僵硬。所以在拍摄儿童摄影作品时，我们可以采取更简单的方法，让他们自己玩，准备一些道具，然后进行抓拍。

对于这种生活化的照片，修饰也非常简单，调整前后的对比如图 12-1 和图 12-2 所示。

图 12-1

图 12-2

首先，将照片导入 Camera Raw 滤镜中，如图 12-3 所示。

选择"自动"，如图 12-4 所示，然后将"自然饱和度"的值还原，如图 12-5 所示。

图 12-3

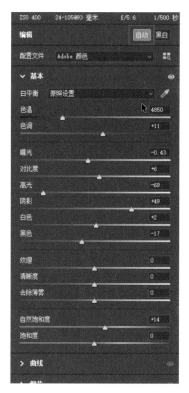

图 12-4

图 12-5

儿童摄影作品通常整体上比较明快、活泼，所以整个画面的色彩保持正常色调即可，即选择明亮一点的影调来呈现。接下来我们可以进行裁剪构图，如图 12-6 所示。

图 12-6

找到"混色器"面板，选择"饱和度"，适当降低"红色"和"橙色"的值，如图 12-7 所示。

在细节方面，进行降噪处理，消除照片中的噪点。进入"细节"面板，增加"减少杂色"的值，如图 12-8 所示。

图 12-7

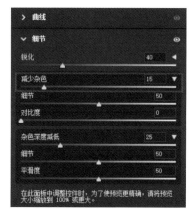

图 12-8

另外，我们注意到在拍摄晴天时，逆光或侧光往往会出现紫边或蓝边，如图 12-9 所示。

通过"光学"面板中的删除色差功能，如图 12-10 所示，去除照片中的色差或色偏。单击"手动"按钮，调整"紫色色相"和"绿色色相"，并适当调整紫边和绿边的数量，如图 12-11 所示，就可以去掉这些色差，这样后续将照片输出并放在相册中观看时会更加舒服。

图 12-9

图 12-10

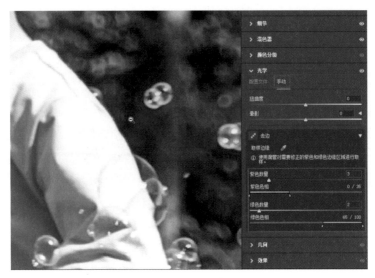

图 12-11

　　实际调整这类作品时，很多人常常无法确定思路，不知道如何调整。通常第一反应是调整光线，将背景调暗以突出人物。但实际上，在人像照片中并不需要如此。我们只需保持整体影调过渡自然，注重拍摄对象的美丽和优雅即可。这张照片就这样简单地完成处理了。

第 13 章
老年肖像作品的修饰

相对面言，本章修饰的照片的工程量会稍微大一点，也相对难一些。因为人物的年龄比较大，所以面部会有一些斑点，比如老年斑或者雀斑等。因此在磨皮的时候，力度要稍微加强一点，但也不能调得太夸张，否则就会不真实。我们需要保留一些细纹和疤痕，不能完全去除。例如，手部需要保留一点细节，脸部也需要有一点细微的瑕疵，这样才能显得真实、自然。

调整前后的对比如图 13-1 和图 13-2 所示。通过调整我们会发现，并不需要把环境调暗，环境只是一个背景，重点还是人物，但是整体曝光的调整要准确。

图 13-1

图 13-2

首先，将照片导入 Camera Raw 滤镜中，如图 13-3 所示。

图 13-3

我们先将"曝光"值稍微增大一点，然后增加"阴影"的值，如图 13-4 所示。

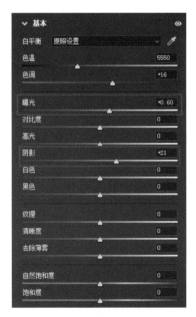

图 13-4

13.1 线性渐变的应用

单击右侧工具栏中的"蒙版"按钮，选择"线性渐变"，如图 13-5 所示。

然后通过线性渐变从高光处向下压，在右侧的调整面板中，降低"曝光"的值，将"色温"往蓝色方向调整，如图 13-6 所示，适当地把整体环境压暗一点。

图 13-5

图 13-6

单击"减去"按钮，选择"画笔"工具，如图 13-7 所示。

图 13-7

　　在右侧的调整面板中，调整画笔的大小，在人物的面部和手部区域单击，稍微恢复人物的肤色，不要被之前的调整所影响。完成这一步后，单击右下角的"打开"按钮，如图 13-8 所示。

图 13-8

　　将照片导入 Photoshop 界面，如图 13-9 所示。

图 13-9

13.2 使用神经滤镜进行磨皮

进行磨皮处理，单击"滤镜"菜单，选择"Neural Filters"，如图 13-10 所示，进入神经滤镜界面，如图 13-11 所示。

图 13-10

图 13-11

打开"皮肤平滑度"按钮，将"模糊"调大一点，设置为 100%，单击"确定"按钮，如图 13-12 所示。

图 13-12

图 13-13

接着，在磨皮图层上使用画笔工具进行修复，因为磨皮的力度较大，所以需要恢复人物的眼睛、眉毛等位置，否则整体会变得模糊，失去立体感。单击"添加蒙版"按钮，如图 13-13 所示，添加一层新图层。

选择"画笔工具"，如图 13-14 所示，在需要修复的区域单击，修复时要适量恢复，不要过度。

图 13-14

接下来，对人物进行美白。首先，选择"快速选择工具"，将人物的面部和手部选中，如图 13-15 所示。在修饰作品时，一定要记住同时选中面部和手部，避免出现脸亮手暗的情况。

图 13-15

单击右侧的"调整"面板中的"创建新的曲线调整图层"，如图 13-16 所示，提升曲线，适当提亮即可。

图 13-16

右键单击图层空白处，选择"拼合图像"，如图 13-17 所示。

还有脸部斑点较浓的地方需要进行修饰，以及手部的斑点和褶皱。使用修补工具进行修饰，适当减淡一点。眼部的细纹也要适度减弱，手部保留一些细节即可。首先，选择"修补工具"，将需要修复的阴影部分选中，按住鼠标左键并拖动，用修补工具绘制选区的起点和终点，这样就创建了一个选区，如图 13-18 所示。

 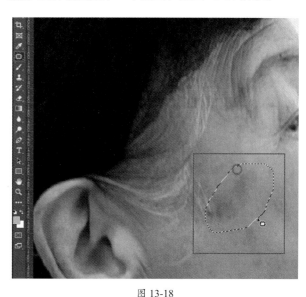

图 13-17 图 13-18

按住鼠标左键并拖动修补工具，将其应用到需要修补的区域，如图 13-19 所示，修补工具会根据选区内的像素样本，对选区外的损坏或瑕疵部分进行修复，如图 13-20 所示。

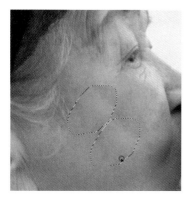 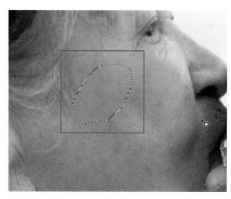

图 13-19 图 13-20

单击"编辑"菜单，选择"渐隐修补选区"，如图 13-21 所示，进入渐隐的对话框。将"不透明度"调整为 90% 左右，如图 13-22 所示，单击"确定"按钮。

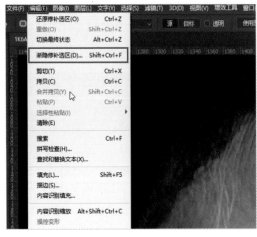

图 13-21   图 13-22

重复上述操作，对人物面部的阴影部分进行调整，调整之后的效果如图 13-23 所示。

完成上述步骤后，人物的美白和磨皮调整基本完成。接下来，修饰人物的轮廓，使其更加立体。单击"滤镜"菜单，选择"液化"，如图 13-24 所示。

图 13-23   图 13-24

　　选择"画笔变形工具"，在右侧的调整面板中，对画笔的大小进行适当的调整，然后对人物进行修饰。头发也稍微上推一点，手部适度液化。最后缩小照片，适当液化人物的体形，调整完后，单击"确定"按钮，确认更改，如图13-25所示。最后，保存即可。

图 13-25

第 14 章
制作倒影效果

　　前几章主要介绍如何修饰面部和体形，接下来介绍如何修饰环境人像作品。

　　本章采用的素材照片拍摄于新疆，是非常唯美的一个场景。但是由于场景广阔，拍摄的时候，人物显得非常渺小。因此，在后期处理中，我们需要拉长人物的腿部，使之看起来更漂亮。

　　使用广角拍摄时，人物会显得比较高。或者在拍摄时留一些空间，可以对人物的腿部进行拉长操作。如果没有留空间，我们可以制作倒影的效果，让整个画面看起来更加惊艳，这种制作倒影的方法常用于人像作品中。调整前后的对比如图 14-1 和图 14-2 所示。

图 14-1

图 14-2

将照片导入 Photoshop 界面，如图 14-3 所示。

图 14-3

由于这张照片的基调已经很好了，前期拍摄曝光很准确，所以不需要做过多的调整，因此主要是制作倒影，让人物看起来更高挑。首先，双击图层，弹出"新建图层"对话框，如图 14-4 所示，单击"确定"按钮，新的图层如图 14-5 所示。

图 14-4

图 14-5

对照片进行裁剪，选择"裁剪工具"，右键单击照片，选择"2：3（4：6）"，如图 14-6 所示，然后对照片进行裁剪，在照片的下方留出空间，方便制作倒影，裁剪后的效果如图 14-7 所示。

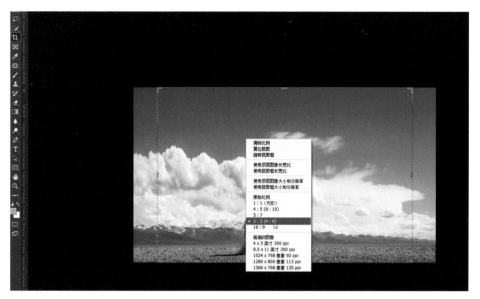

图 14-6

图 14-7

14.1　自由变换

选择"自由选框工具"，将照片右边的部分选中，如图 14-8 所示。

图 14-8

单击"编辑"菜单，选择"自由变换"，如图 14-9 所示，或使用快捷键 <Ctrl> 键 +<T> 键。

图 14-9

拖动边界框的控制点，向外拉伸，如图 14-10 所示。完成所需的变换后，按 <Enter> 键来应用变换并退出自由变换模式，如图 14-11 所示。

图 14-10

图 14-11

选择"自由选框工具"，将人物手部以下的部分选中，如图 14-12 所示，注意框选的时候不要选中人物的手部。

图 14-12

拖动边界框的控制点，向下拉伸，如图 14-13 所示。完成所需的变换后，按 <Enter> 键来应用变换并退出自由变换模式，如图 14-14 所示。

图 14-13

图 14-14

14.2　制造倒影

单击"创建新图层按钮"，创建新图层，单击新图层，单击鼠标左键选中照片，单击鼠标右键，选择"垂直翻转"，如图 14-15 所示。

图 14-15

此时，会得到一个垂直翻转的照片，如图 14-16 所示。

153

图 14-16

拖动垂直翻转的照片，调整至合适的位置，如图 14-17 所示。

图 14-17

为了使倒影的效果更加逼真，我们需要对画面进行模糊处理。选中上方图层，单击"滤镜"菜单，选择"模糊"，选择"高斯模糊"，如图 14-18 所示。

图 14-18

在弹出的"高斯模糊"对话框中，"半径"设置为"5.0"像素，如图 14-19
所示，单击"确定"按钮。

图 14-19

在"调整"面板中，单击"创建新的曲线调整图层"按钮，将曲线进行下
压，调暗图层，因为倒影大多数是比较暗的，如图 14-20 所示。

155

图 14-20

    放大照片，仔细观察，会发现倒影交界处过渡得很不自然，如图 14-21 所示。

图 14-21

    首先，选中倒影图层，单击"添加蒙版"按钮，添加蒙版，选择"渐变滤镜"，在倒影交界处，按住鼠标左键并向下拖动，如图 14-22 所示，使倒影交界处过渡得更加自然。

图 14-22

最后，右键单击图层空白处，选择"拼合图像"，如图 14-23 所示，对照片进行保存即可。

图 14-23

第 15 章
自然人像作品的修饰

在大自然环境下拍摄的人像作品通常被称为自然人像作品。这种作品旨在展示人与大自然之间的联系和相互作用，通过将人物放置在壮丽的自然背景中，创造出一种独特的视觉效果和氛围。这种作品通常强调人物与环境之间的尺度关系、美感，以及人物在大自然中的存在感。

本章将介绍自然人像作品的修饰技巧，调整前后的对比如图 15-1 和图 15-2 所示。

图 15-1

图 15-2

将照片导入 Photoshop 界面，如图 15-3 所示。

图 15-3

接下来，我们对人物的腿部进行拉长操作。选择"矩形选框工具"，将人物手部以下的部分选中，如图 15-4 所示。

图 15-4

利用快捷键 <Ctrl> 键 +<T> 键激活自由变换工具，或者单击"编辑"菜单，选择"自由变换"，拖动边界框的控制点，向下拉伸，如图 15-5 所示。完成所需的变换后，按 <Enter> 键来应用变换并退出自由变换模式，如图 15-6 所示。

图 15-5

图 15-6

对人物的右手臂进行调整，选择"套索工具"，选中手臂的大体范围，如图 15-7 所示。

161

图 15-7

单击"调整"面板中的"创建新的色相/饱和度调整图层",在色相/饱和度"属性"面板中,对红色的饱和度和明度进行调整,减小"饱和度"的值,增加"明度"的值,如图 15-8 所示。

图 15-8

对人物的左手臂部分进行调整,选择"快速选择工具",将人物的左手臂选择出来,如图 15-9 所示。

图 15-9

　　单击右侧"调整"面板中的"创建新的曲线调整图层",进行提亮,如图 15-10 所示。

　　单击"蒙版"按钮,增加"羽化"的值,如图 15-11 所示。

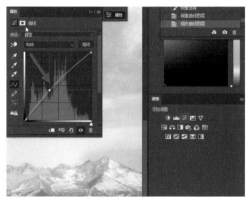

图 15-10

图 15-11

　　选择"渐变滤镜",渐变模式选择"径向渐变",按住鼠标左键并拖动,如图 15-12 所示,使画面过渡得更加自然。

图 15-12

右键单击图层空白处，选择"拼合图像"，如图 15-13 所示。

单击"滤镜"菜单，选择"液化"工具，如图 15-14 所示，进入液化界面。选择"画笔变形工具"，对人物的肩膀、手臂和手部进行缩进，人物的腿部也要适当地往里推进，使人物显得更加苗条，如图 15-15 所示。调整完后单击"确定"按钮，如图 15-16 所示，保存即可。

图 15-13

图 15-14

图 15-15

图 15-16

第 16 章
室内人像修饰

　　室内人像作品是指在室内环境中拍摄的以人物为主题的作品。它强调通过摄影技术和艺术创意来展现被摄者的形象和特点。

本章将介绍如何对室内人像进行修饰，调整前后的对比如图 16-1 和图 16-2 所示。

图 16-1

图 16-2

首先，将照片导入 Camera Raw 滤镜，如图 16-3 所示。

图 16-3

整张照片的亮度是不够的，所以我们需要提高照片的亮度，增加"曝光"的值，减少"纹理"的值，如图 16-4 所示。

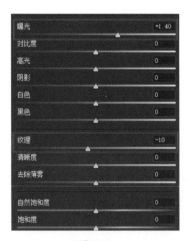

图 16-4

然后，对照片的"色温"和"色调"进行调整，如图 16-5 所示。

接下来，对照片的噪点进行处理。找到细节面板，增加"减少杂色"的值，如图 16-6 所示。

图 16-5

对人物的肤色进行提亮，找到"混色器"面板，增加"红色"和"橙色"的明亮度，如图 16-7 所示。

图 16-6

图 16-7

对照片进行裁剪，选择"裁剪工具"，将照片右边多余的部分裁剪掉，如图 16-8 所示，按 <Enter> 键确认裁剪。调整完毕之后，单击右下角的"打开"按钮，将照片导入 Photoshop 界面，如图 16-9 所示。

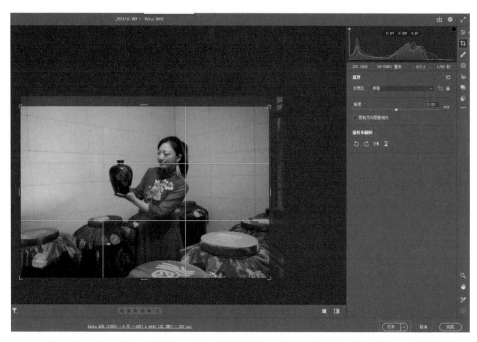

图 16-8

图 16-9

　　接下来，对人物进行修容。首先是磨皮处理，单击"滤镜"菜单，选择"Neural Filters"，如图 16-10 所示，进入神经滤镜界面。打开"皮肤平滑度"按钮，将"模糊"的数值调整至 60 左右，如图 16-11 所示，调整完毕之后，单击右下角的"确定"按钮，确认更改。

图 16-10

图 16-11

对人物面部比较突出的位置进行还原，比如眼部和鼻子等。单击"添加蒙版"按钮，添加一层蒙版，如图 16-12 所示。

选择"画笔工具"，如图 16-13 所示，对人物的眼睛和鼻子等位置进行擦拭。

图 16-12

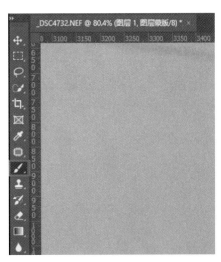

图 16-13

还原完之后，右键单击图层空白处，选择"拼合图像"，如图 16-14 所示。

选择"修补工具"，将需要修复的阴影部分选中，按住鼠标左键并拖动，用修补工具绘制选区的起点和终点，这样就创建了一个选区，如图 16-15 所示。

图 16-14　　　　　　　　　　　　　　　图 16-15

单击并拖动修补工具，将其应用到需要修补的区域，如图 16-16 所示。修补工具会根据选区内的像素样本，对选区外的损坏或瑕疵部分进行修复，如图 16-17 所示。

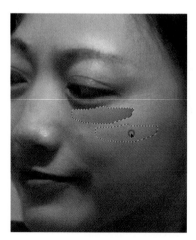

图 16-16　　　　　　　　　　　　　　　图 16-17

单击"编辑"菜单，选择"渐隐修补选区"，如图 16-18 所示，进入渐隐的对话框。将"不透明度"调整为 60% 左右，如图 16-19 所示，单击"确定"按钮。

图 16-18

对人物眼角的发丝进行去除，如图 16-20 所示。

图 16-19

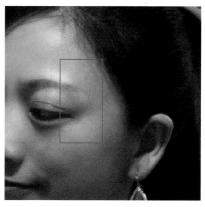

图 16-20

选择"污点修复画笔工具"，按住鼠标左键并拖动，将头发丝完全盖住，如图 16-21 所示，松开鼠标左键，头发丝已经被消除，如图 16-22 所示。

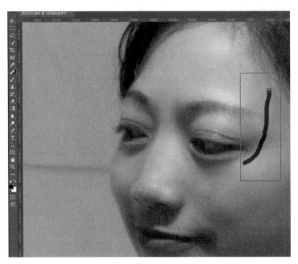
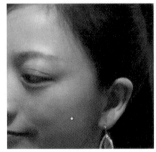

图 16-21   图 16-22

　　单击"滤镜"菜单，选择"液化"工具，进入液化界面，选择"画笔变形工具"，对人物的头部和手臂以及腰部进行调整，在右侧的调整面板中可以调节画笔的大小等属性，如图 16-23 所示，调整完毕之后单击"确定"按钮，确认修改，最后对照片保存即可。

图 16-23

174

第 17 章
复古风人像后期调色

　　摄影中的复古风是指通过使用特定的拍摄技巧、后期处理或者特殊的拍摄器材，营造出一种怀旧、老旧的视觉效果，使照片看起来像是来自过去。复古风可以让照片具有独特的情感和艺术感，给人一种回忆和怀旧的触动。

　　复古照片通常具有柔和的色调和较低的饱和度。可以通过后期处理软件或者使用滤镜，在照片中添加一些黄褐色、棕褐色或者深色调，以模拟老旧胶片的效果。可以尝试在拍摄前、后期处理或者使用特殊滤镜，增加照片的颗粒感和噪点，以模拟老旧胶片的质感。可以引入复古元素，选择一些具有复古感的场景、服装和道具来构图，如老旧建筑、复古衣物、老式家具等，以增强复古氛围。

本节将介绍人像摄影后期调色中的复古风格，调整前后的对比如图 17-1 和图 17-2 所示。

图 17-1

图 17-2

单击"滤镜"菜单，选择"Camera Raw 滤镜"，将照片导入 Camera Raw 滤镜，如图 17-3 所示。

图 17-3

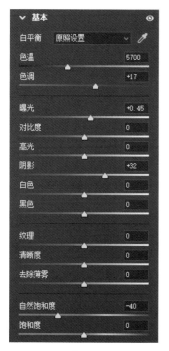

图 17-4

复古色调基本上偏黄、偏绿，饱和度比较低，我们在对照片进行调整时，要向着复古色调调整。首先，增加"曝光"的值，增加"阴影"的值，降低"自然饱和度"的值，如图 17-4 所示。

接下来，对曲线进行调整。首先，对蓝色通道进行调整，增加黄色，如图 17-5 所示。然后对红色通道进行调整，增加青色，如图 17-6 所示。

图 17-5

图 17-6

红色通道、蓝色通道和绿色通道是指在数字图像处理中，图像颜色信息的 3 个基本通道。每个通道包含图像中对应颜色的亮度值。RGB 是红色、绿色和蓝色 3 个基本颜色通道的组合。

调整之后的画面还是太亮，所以要减小"对比度"和"高光"的值，增加"曝光"的值，如图 17-7 所示。

图 17-7

对照片进行裁剪，如图 17-8 所示。

图 17-8

右下角的打开方式选择"打开对象"，也可以按 <Shift> 键，将"打开"快速改为"打开对象"，如图 17-9 所示。将照片以对象的形式导入 Photoshop 界面，如图 17-10 所示。

图 17-9

图 17-10

右键单击图层空白处，选择"通过拷贝新建智能对象"，如图 17-11 所示。
此时，图层如图 17-12 所示，上方的图层为新建的智能对象图层。

图 17-11   图 17-12

然后双击新建的图层，回到 Camera Raw 滤镜中，如图 17-13 所示。

图 17-13

接下来，对人物的肤色进行还原，分别对红色通
道和蓝色通道进行调整，将曲线恢复为默认值，如图
17-14 和图 17-15 所示，单击"确定"按钮。

图 17-14

图 17-15

通过"快速选择工具"将人物的头部选中，如图 17-16 所示。

图 17-16

181

单击"添加蒙版"按钮，如图 17-17 所示，创建新的蒙版图层。此时，人物的面部已经得到了还原，如图 17-18 所示。

图 17-17

图 17-18

最后，利用磨皮滤镜对人物进行磨皮处理。单击"滤镜"菜单，选择"Imagenomic"，选择"Portraiture"，如图 17-19 所示。

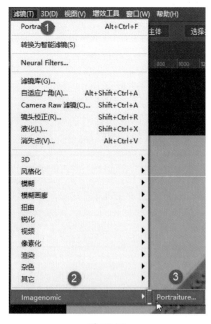

图 17-19

用吸管吸取需要调整的人物的肤色，如图 17-20 所示，参数保持默认值，单击"确定"即可。

图 17-20

最后，右键单击图层空白处，选择"拼合图像"，对照片进行保存。

第 18 章
梦幻风人像后期调色

　　摄影后期色调中的梦幻风是一种常见的风格，它赋予照片一种柔和、浪漫、梦幻的感觉，创造出幻想般的氛围。在后期处理中，调整照片的色温、饱和度和对比度，使颜色呈现出柔和、温暖的感觉。可以降低照片的对比度，使明暗区域之间的过渡更加柔和。可以减少黑色和白色的强度，或者使用曲线工具进行微调，以创造出梦幻的效果。粉嫩色调或淡蓝色调常常与梦幻风格相关联。可以在后期处理中增加这些色调，使整个画面更具梦幻的氛围。

本节来介绍摄影后期色调中的梦幻风，调整前后的对比如图 18-1 和图 18-2 所示。

图 18-1

图 18-2

单击"滤镜"菜单，选择"Camera Raw 滤镜"，将照片导入 Camera Raw 滤镜中，如图 18-3 所示。

图 18-3

　　观察照片，画面整体是烟雾缭绕的，是比较柔美的，所以打造梦幻风的风格是比较容易的。首先，增加"曝光""阴影"的值，降低"对比度""高光""白色"的值，如图 18-4 所示。

图 18-4

　　选择"裁剪工具"，如图 18-5 所示，对画面进行适当的裁剪和矫正，如图 18-6所示。

图 18-5　　　　　　　　　　　　　　图 18-6

　　接下来，我们要在树干周围制造一些烟雾。单击右侧菜单栏中的"蒙版"，选择"画笔"，如图 18-7 所示，建立画笔蒙版。

　　在右侧的面板中找到"效果"面板，将"去除薄雾"的值调整至 -79，如图 18-8 所示。在照片的右侧部分和照片的下方位置进行涂抹，营造烟雾的效果，如图 18-9 所示。

图 18-7　　　　　　　　　　　　　　图 18-8

整体效果还是不够柔美，我们需要对环境进行处理，如何将环境选中呢？我们可以通过逆向思维解决。首先，创建新的蒙版，如图18-10所示。单击右侧菜单栏中的"蒙版"按钮，选择"选择主体"，如图18-11所示，将主体选中。

图18-9

图18-10

然后单击"反相"，如图18-12所示，此时我们就得到了除人物以外的环境。对环境的"纹理"以及"清晰度"进行调整，如图18-13所示。

图18-11

图18-12

单击"打开"按钮，如图 18-14 所示，将照片导入 Photoshop 界面，如图
18-15 所示。

图 18-13

图 18-14

图 18-15

使用磨皮滤镜对人物进行磨皮处理。单击"滤镜"菜单，选择"Imagenomic"，
选择"Portraiture"，如图 18-16 所示，用吸管吸取人物皮肤的颜色，保持默认
值，如图 18-17 所示，单击"确定"按钮。

图 18-16

图 18-17

最后，对人物的腿部进行拉长处理，用"矩形选框工具"选中人物的腿部所在区域，如图 18-18 所示。

单击"编辑"菜单，选择"自由变换"，如图 18-19 所示，也可使用快捷键 <Ctrl> 键 +<T> 键。

拉长腿部所在区域，如图 18-20 所示。

图 18-18

图 18-19

图 18-20

按 <Enter> 键，应用自由变换。单击"选择"菜单，选择"取消选择"，如图 18-21 所示，取消选区，如图 18-22 所示。或者利用快捷键 <Ctrl> 键 +<D> 键取消选区。照片制作完成，对照片进行保存即可。

图 18-21

图 18-22

第 19 章
中国风人像后期调色

　　前面讲述了两种不同的色调风格，第一种是复古风，第二种是梦幻风，那么本章将介绍当今比较流行的色调风格——中国风。中国风基本上以工笔画为主，整个画面大气磅礴，画面非常干净，对画面的内容布局要求比较严格。在摄影中，中国风主要通过选题、构图、色彩和光影等方面来展现。

　　中国风人像常以中国传统特色的建筑、庭院、寺庙等作为拍摄背景，通过合适的角度和构图，营造出古朴、典雅的氛围，展现中国传统文化的意境。人物着装通常为传统汉服或富有中国传统元素的服饰，搭配合适的背景和灯光，营造出古典、雅致的氛围。同时，也可以通过记录人们参与中国传统节日、民俗活动等的场景和细节，展现中国风的丰富内涵。

　　在色彩和光影处理方面，通常使用合适的色调和调色板，增加对比度和饱和度，突出中国传统文化中常见的暖色调和柔和的色彩。同时，在利用自然光或人工照明时，注重光影的运用，营造出神秘、朦胧的效果，呈现出独特的中国风，展现中国传统文化的美感和魅力。

19.1 案例一

首先，我们对第一张照片进行调整，调整前后的中国风对比如图 19-1 和图 19-2 所示。

图 19-1

图 19-2

单击"滤镜"菜单，选择"Camera Raw 滤镜"，将照片导入 Camera Raw 滤镜中，如图 19-3 所示。对照片的影调和色调进行处理。增加"曝光"的值，降低"高光"的值等，如图 19-4 所示，将画面的反差降到最小。

图 19-3

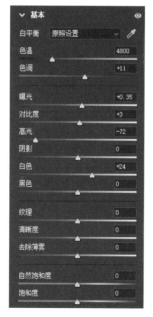

图 19-4

在"几何"面板中，对照片进行镜头矫正，如图19-5所示，选择"自动：应用平衡透视校正"。

图 19-5

镜头矫正在中国风构图中可以起到以下几个重要的作用。

（1）保持垂直：中国风构图通常要求建筑物、人物等的线条保持垂直。然而，当使用广角镜头或者拍摄角度较低时，会产生透视失真，导致垂直线条变形。在后期处理中进行镜头矫正可以纠正这种失真，保持画面中的垂直线条真实。

（2）创造平衡：中国风构图注重画面的平衡感和整齐感。有时候，在构图过程中可能无法避免水平线倾斜或者垂直线扭曲等情况。通过镜头矫正，可以使画面中的线条恢复平衡，增强整体美感。

（3）强调对称：中国风构图中常常采用对称的形式来创造稳定感、和谐感。然而，拍摄时相机稍微偏离了水平方向或者垂直方向就可能破坏对称性。通过镜头矫正，可以使画面中的对称元素保持平衡和精确，突出对称美。

（4）突出主体：中国风构图通常有一个明确的主体要素，如建筑物、人物等。有时候，拍摄时可能因为角度或者镜头选择的原因，主体出现形变或者失真。镜头矫正可以帮助恢复主体的真实形态，使其更加突出和引人注目。

单击右侧菜单栏中的"蒙版"按钮，选择"选择主体"，如图19-6所示。建立选择主体的蒙版，勾选"显示叠加"，将选取后的人物主体显示出来，如图19-7所示。

图 19-6

图 19-7

　　然后对人物主体进行调整，在右侧的调整面板中，提高"曝光"的值，如图 19-8 所示。

　　单击"打开"按钮，将照片导入 Photoshop 界面，如图 19-9 所示。

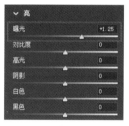

图 19-8

图 19-9

接下来，我们为照片打造工笔画效果。导入素材，如图 19-10 所示，然后将素材铺满整张照片，如图 19-11 所示。

图 19-10

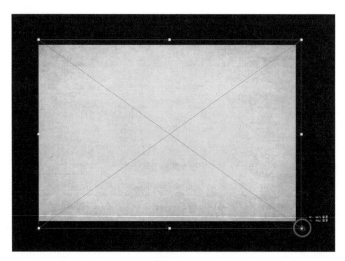

图 19-11

将素材图层的混合模式改成"正片叠底"，如图 19-12 所示。正片叠底是一种常用的图像合成模式，其作用是通过将上层图像的像素值与下层图像的对应像素值相乘，从而产生一种混合效果。它在图像编辑软件中广泛应用于颜色校正、添加阴影和深度等方面。正片叠底具有以下作用。

图 19-12

（1）正片叠底可以改变图像的整体色调，增强或减弱某些颜色。上层图像的暗部会对下层图像产生较大的影响，而亮部则会透明化。这种方式可以给图像增加丰富的色彩变化，使其看起来更加鲜艳或沉淀。同时，正片叠底还可以增加图像的对比度，增加图像的视觉冲击力。

（2）正片叠底常被用于添加阴影和深度效果。通过在上层图像中使用较暗的色彩来遮罩下层图像，可以模拟出立体感和阴影效果。这种方法能够让图像看起来更加立体、有层次感，增加画面的逼真度。

（3）正片叠底可以将上层图像中的纹理、图案或细节融合到下层图像中，从而实现图像的纹理增强。通过选择合适的上层图像，可以在下层图像上创建出各种有趣的纹理效果，例如布料纹理、石头纹理等。

此时，照片变得富有纹理感，具有工笔画的感觉。最后，右键单击图层空白处，选择"拼合图像"，对照片进行保存即可。

19.2　案例二

接下来，我们对另外一张照片进行调整。第二张照片的环境比第一张的环境大，内容更多，所以调整时的难度比较高。调整前后的对比如图 19-13 和图 19-14所示。

图 19-13

图 19-14

　　首先，单击"滤镜"菜单，选择"Camera Raw 滤镜"，将照片导入 Camera Raw 滤镜，如图 19-15 所示，对照片的影调和色调进行处理。

图 19-15

选择"自动",提高"阴影"的值,降低"白色"的值,减小画面的反差,如图 19-16 所示。

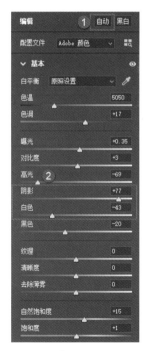

图 19-16

找到"几何"面板，选择"自动矫正"，如图 19-17 所示。

图 19-17

对照片进行裁剪，如图 19-18 所示。

图 19-18

然后对混色器进行调整，将"绿色"和"黄色"的饱和度降低，如图 19-19 所示。

然后对明亮度进行调整，增加"黄色"和"绿色"的明亮度，同时增加"红色"和"橙色"的明亮度，如图 19-20 所示。

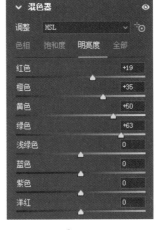

图 19-19 　　　　　　　　　　　　　　　　图 19-20

回到"基本"面板中，对自然饱和度进行调整，如图 19-21 所示。单击右下角的"打开"按钮，将照片导入 Photoshop 界面，如图 19-22 所示。

图 19-21

导入一张素材，如图 19-23 所示，将它铺满整张照片，如图 19-24 所示。

图 19-22

图 19-23

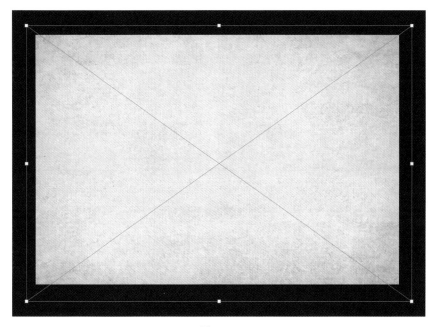

图 19-24

素材图层的混合模式选择"正片叠底",如图 19-25 所示。

图 19-25

导入第二张素材,如图 19-26 所示,以同样的方式将它铺满整个画面,如图 19-27 所示。

图 19-26

图 19-27

图 19-28

然后将素材图层的混合模式改为"正片叠底",如图 19-28 所示。

此时,照片的效果如图 19-29 所示,整张照片非常暗,我们需要对照片进行提亮。

我们可以通过调整曲线进行提亮。建立曲线蒙版图层,如图 19-30 所示,提升曲线,提高亮度。

图 19-29

图 19-30

　　找到第一层的素材图层，单击"添加蒙版"按钮，对第一层图层添加蒙版，如图 19-31 所示。

　　选择"渐变工具"，选择"前景色到透明渐变"，渐变模式选择"径向渐变"，如图 19-32 所示，对人物主体进行擦拭，对人物进行还原。

　　接下来，对照片的色相和饱和度进行调整，如图 19-33 所示，选择"黄色"，提高"明度"。

图 19-31

图 19-32

207

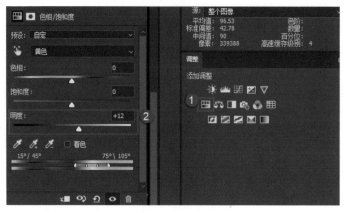

图 19-33

调整完毕之后，右键单击图层空白处，选择"拼合图像"，如图 19-34 所示。最后，保存照片即可。

图 19-34